BBC宇宙入门

怎样看待这个世界

［英］亚当·哈特 – 戴维斯（Adam Hart-Davis）

［英］保罗·巴德（Paul Bader）　　著

邵　鑫　译

江苏凤凰科学技术出版社

· 南京 ·

THE COSMOS: A BEGINNER'S GUIDE by ADAM HART-DAVIS; PAUL BADER

Copyright: © 2007 BY ADAM HART-DAVIS

This edition arranged with WATSON, LITTLE LIMITED through Big Apple Agency, Inc., Labuan, Malaysia.

Simplified Chinese edition copyright: 2021 Beijing Highlight Press Co., Ltd.

All rights reserved.

江苏省版权局著作权合同登记 图字：10-2021-156

图书在版编目（CIP）数据

BBC 宇宙入门：怎样看待这个世界 /（英）亚当·哈特－戴维斯,（英）保罗·巴德著；邵鑫译 . — 南京：江苏凤凰科学技术出版社, 2021.9

ISBN 978-7-5713-2018-8

Ⅰ . ① B… Ⅱ . ①亚… ②保… ③邵… Ⅲ . ①天文观测－普及读物 Ⅳ . ① P12-49

中国版本图书馆 CIP 数据核字 (2021) 第 119402 号

BBC 宇宙入门：怎样看待这个世界

著　　者	［英］亚当·哈特－戴维斯（Adam Hart-Davis）	
	［英］保罗·巴德（Paul Bader）	
译　　者	邵　鑫	
审　　定	蒋　云	
责 任 编 辑	沙玲玲	
助 理 编 辑	钱小龙	
责 任 校 对	仲　敏	
责 任 监 制	刘文洋	
出 版 发 行	江苏凤凰科学技术出版社	
出版社地址	南京市湖南路 1 号 A 楼，邮编：210009	
出版社网址	http://www.pspress.cn	
印　　刷	南京海兴印务有限公司	
开　　本	787 mm×1 092 mm　1/16	
印　　张	14	
字　　数	250 000	
版　　次	2021 年 9 月第 1 版	
印　　次	2021 年 9 月第 1 次印刷	
标 准 书 号	ISBN 978-7-5713-2018-8	
定　　价	79.00 元	

图书如有印装质量问题，可随时向我社印务部调换。

THE COSMOS

A Beginner's Guide

目录

引 言

对于那些研究宇宙的人，苏联诺贝尔物理学奖得主列夫·朗道（Lev Landau）曾有过这样一句玩笑话："宇宙学家常会犯错，却从不生疑。"还有人说得更直白："有猜测，有幻想，还有宇宙学（cosmology）。"早期的宇宙学家对于宇宙的大小、形状、年龄或是起源的想法，几乎没有确凿的证据，所以也难怪当时的人们并不认为他们是正经八百的科学家。但这一切已经改变了。尽管我们现在还没有能力造访另一个星系，甚至还不能访问另一颗恒星，但今天的宇宙学家们已经学会了如何用令人惊叹的科学方法来进行研究，哪怕是宇宙最遥远的角落也不在话下。

一些科学研究是由天文学家通过观测太空完成的，他们依靠安装在山顶或宇宙飞船上的卓越的天文望远镜，为我们捕捉久远之前就传播到我们身边的光；其他科学家在地球上做实验，试图重现大爆炸（Big Bang）之后几分之一秒的宇宙环境；另一些人仍然雄心勃勃地想用超级计算机创建自己的宇宙。至此，应用天体物理学已经发展得相当成熟了。

在写作本书的过程中，我们拜访了很多探索宇宙的科学家，见识到了他们使用的那些了不起的仪器。我们俩都不是宇宙学家，许多推动着太空探索的想法对我们来说是全新的。所以为了让读者感兴趣，我们希望努力去理解并简化这些想法。亚当（Adam）试图用一种简单易懂的方式来阐述，因此书中除了包含我们参观访问的报告外，也加入了亚当笔记本里的草图和其他一些内容。

我们去智利参观了世界上最大的光学望远镜；登上加那利群岛古老的火山，探访了超广角寻找行星（SuperWASP）[1]项目；下到日内瓦附近地下一百米，见识了大型强子对撞机（Large Hadron Collider, LHC）；还去加利福尼亚看了新建成的可以接收

外星人信号的大型射电望远镜。

我们一直惊异于两点：一是在过去 10 或 15 年间，这一领域在技术和知识方面的突飞猛进；还有就是天文学家、天体物理学家、工程师和宇宙学家们所展示出的极大热情和信心。他们都在积极地为真正的终极大问题寻找答案：宇宙是如何开始的？它是由什么组成的？宇宙中有没有其他的生命？他们对自己的工作和未来都有着不可动摇的信念。他们坚信可以找到踪迹难觅的"上帝粒子"[2]，发现更多的行星，并和银河系其他的智慧文明取得联系。

本书共分为 6 章：如何构建一个宇宙，观察宇宙，太空探索，其他世界，狂暴宇宙以及我们是唯一的吗？乍看上去，这些主题之间似乎并无关联，但是有一个问题却将它们联系在了一起：宇宙中是否还有其他智慧生命呢？这个问题的答案自然是搜寻地外文明项目（SETI）成员孜孜以求的。但对于行星猎人、太空探险家甚至宇宙建造者来说，这一问题也同样重要。他们都想知道关于生命、宇宙和万物的答案，尤其想了解有关智慧的奥秘，也因此这一问题会贯穿全书。

对于我们来说，写作此书就是一场奇妙的探险。很高兴也很荣幸能见识到这么多杰出的人物，并聆听到他们的观点。对亚当来说，最令人难忘的经历是在智利沙漠中的帕瑞纳天文台（Paranal Observatory）拍下激光引导星（见第 62 页）；对保罗来说，则是仰望夜空，第一次看到我们的邻近星系麦哲伦云（见第 46 页）。

亚当·哈特－戴维斯

保罗·巴德

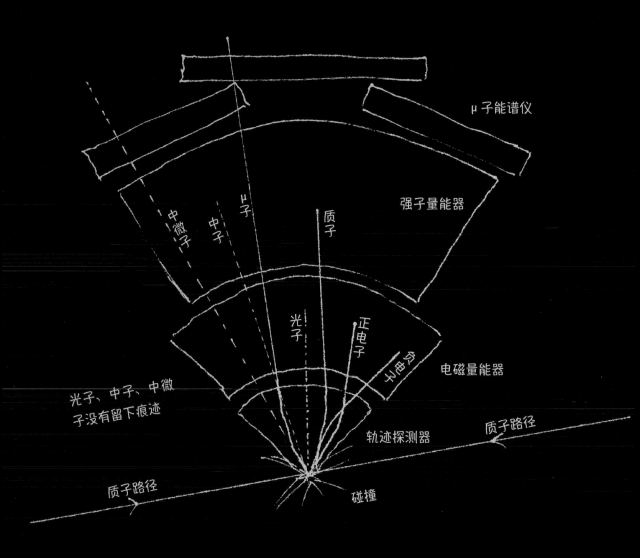

μ子能谱仪

强子量能器

中微子　中子　μ子　质子

光子

正电子

电子

电磁量能器

光子、中子、中微
子没有留下痕迹

轨迹探测器　　质子路径

质子路径

碰撞

第 1 章

如何构建一个宇宙

想象一下，如果你能构建自己的宇宙。在过去，对那些认为是上帝创造了宇宙的人来说，光是这种念头都近乎是一种冒犯，或觉得这是荒唐可笑的。但在今天，尽管听起来不可思议，科学家们不仅仅在考虑构建一个宇宙，而且实际上已经开始着手行动了。超级计算机已经构建了一个充满数十亿个星系的虚拟宇宙，并且精确到每一个天体的物理参数。法国和瑞士边境的地底深处有一台机器已经轰然启动，它会释放出自大爆炸以来宇宙中从未有过的温度和力量，我们对宇宙的理解也会被带到一个新的高度。

你很可能会问，为什么有人会不厌其烦地花钱去构建一个宇宙。一个简单直接的回答是：他们想知道宇宙是如何形成的。我们无法让时间倒回，去看宇宙是怎样开始的，所以自己试着"做"一个宇宙看上去更可行。只要方法和原料合适，应该就能"做"出一个宇宙——就和我们现在的这个几乎一样。

艾萨克·牛顿（Isaac Newton）

牛顿，数学家、物理学家、天文学家和炼金术士，1642 年出生于英格兰的林肯郡。他在 1687 年出版的《自然哲学的数学原理》（*Principia Mathematica*）一书中描述了万有引力和三大运动定律。地球上的物体与天体的运动都遵守同样的自然法则，这个规律是由牛顿最先提出的。这一发现对于 17 世纪的科学革命以及人们最终接受日心说都至关重要，也使得科学探索可以揭示自然奥秘这样的观念更加深入人心。

几个世纪以来，人类一直都在仰望星空，思索宇宙起源的奥秘，也为此提出了不少假说。而理解宇宙的科学就叫作"宇宙学"。一开始这只是一门理论性的边缘学科，不为多数科学家所看重。但近来，宇宙学已经转变为一门实验科学，通过运用世界上最复杂的机器，开展着整个科学领域中一些规模最大、最昂贵的研究。

虽然我们现在使用高能物理仪器来探索宇宙，可是 20 世纪 20 年代开启的现代宇宙学的大发现却是通过一系列简单的望远镜观测完成的。那是物理学史上一个振奋人心的时代，科学界都在研读两篇文章——德裔天才科学家阿尔伯特·爱因斯坦（Albert Einstein）在 1905 年和 1915 年发表的两篇关于相对论的论文。其中第二篇引入了"时空"（spacetime）的概念，并提供了一种认识引力的全新思路。自艾萨克·牛顿时代以来，人们一直认为引力是一种吸引力——一种将两个有质量的物体相互拉近的神秘力量。我们能待在地球表面，地球能沿着轨道绕太阳运行全是引力的功劳。尽管牛顿为我们描述了引力，并给了我们一些方便的数学工具，可关于引力还是有两大谜团无法解释。

第一就是，如果引力无处不在，就会把万事万物都拉向彼此，那为什么宇宙没有坍缩成一堆呢？ 1692 年，一位叫理查德·本特利（Richard Bentley）的英国牧师写信给牛顿指出了这一点，并表明没有发现恒星相撞的证据。牛顿必须想点办法。他有一个选择，可以声称宇宙是无限大的，由此可以推断出物体在每个方向都会均等地受到引力的作用，故而能保持稳定。可是牛顿不喜欢无限宇宙的概念，相反，他实际上编造了一个借口，说一切都是为了达到完美的平衡而建立起来的。

牛顿引力理论的第二个缺陷就是他无法解释引力是如何起作用的。引力是如何以看不见的方式，在超远的距离上，甚至从宇宙的一边到另一边，都能起作用的呢？看起来就好像变魔术一般。而爱因斯坦成功地用一种全新的方式诠释了引力，既可以解释苹果落地，也可以解释行星绕太阳公转。通过把空间（我们所生活的这个三维世界）与时间结合起来，爱因斯坦最终把引力解释为巨大的物体扭曲了我们所熟知的时空而发生的情景。令人惊奇的是，这的确在某处发生了，时空扭曲可以影响到遥远的天体。不妨想象一下两个人躺在柔软的床上，较重的那个人会产生一个凹陷，如果这个凹陷足够大，体重轻的人甚至会滚进去。爱因斯坦的"时空"就是一张床垫。

相对论的胜利

之前也有不少理论家提出过有关宇宙的假说，但爱因斯坦的不同之处在于，他的假说是可以被验证的。例如，他预言非

> 需要一个持续不断的奇迹，才能防止太阳和其他恒星因为引力撞到一块儿去。
>
> ——艾萨克·牛顿

资料档案 ｜ 古代的宇宙学

不是所有的古代文明都探寻过宇宙的起源。古代中国人认为世间的万事万物都经历着无尽的轮回。印度教中也有非常复杂和类似的轮回理论，只不过轮回的周期要长得多，最多可以达到上万亿年。上帝创世的故事主要存在于犹太教和基督教的传统中。

阿尔伯特·爱因斯坦

　　阿尔伯特·爱因斯坦，1879 年出生于德国乌尔姆，从小就显露出数学天赋。他因研究光的特性而获得诺贝尔奖，但使他成为 20 世纪最著名科学家的是他的狭义相对论。根据这一理论，没有任何东西比光速更快，且光速是恒定的，当物体运动速度越快，它们的质量就越大。他还发现质量和能量成正比。在世界最著名的方程式中，爱因斯坦指出能量（E）等于质量（m）乘以光速（c）的平方：$E=mc^2$。1933 年希特勒上台后，爱因斯坦宣布放弃德国国籍，选择在美国继续他的事业，直到 1955 年去世。

常巨大的物体，比如太阳，会极大地扭曲时空，当光经过这样的物体时，就会发生弯曲。1919 年，英国天文学家阿瑟·爱丁顿（Arthur Eddington）观测到从遥远的恒星发出的光经过太阳时的确发生了弯曲，从而证实了爱因斯坦理论的正确性。其实这样的验证是很难做到的，通常在白天你只能看到太阳，而看不到其他恒星。所以爱丁顿利用了一次罕见的日全食的机会，同时观测到了太阳和其他恒星。果然，太阳周围的恒星似乎在天空中发生了轻微的移动，显然是太阳的引力使光线弯曲了。这是第一个证实了爱因斯坦理论的实验，但绝非最后一

左图　在日全食短短的几分钟内，阿瑟·爱丁顿测量了离太阳较近的几个恒星的表观位置，显然，它们并不处在传统天文学预测的位置。唯一的解释就是那些恒星发出的光所走的路径以及光线所经过的时空都被太阳的引力所扭曲了。这也正是爱因斯坦所断言的

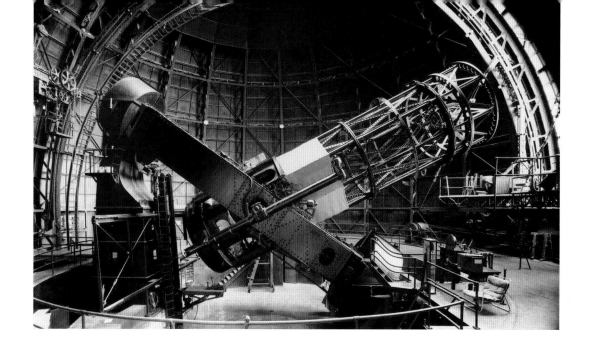

个。事实上，在爱因斯坦的理论轰动世界后的 100 年间，检验他的理论一直都是推动实验宇宙学发展的因素之一。在 20 世纪 20 年代，爱因斯坦已经是一个家喻户晓的大科学家了。但是，另一颗新星即将登场，他的发现不仅会震动全世界，还会让爱因斯坦承认自己所犯下的最大错误。他就是美国天文学家埃德温·哈勃（Edwin Hubble）。

宇宙的尺度

威尔逊山天文台（Mount Wilson Observatory）位于美国加利福尼亚州南部帕萨迪纳附近的威尔逊山，海拔 1 742 米，云朵都无法遮蔽它的视野，这里也因此成为伟大的 2.5 米胡克望远镜的理想观测之地。胡克望远镜在 1917—1948 年是世界上最大的望远镜。

可要这么大一台望远镜做什么呢？放大率高当然是很大的改进，但胡克望远镜最大的优势在于大的镜面可以收集到大量的光线，从而能够更容易观察到较暗的恒星和星云。星云是 20 世纪 20 年代天文学家特别感兴趣的研究对象。在拉丁语当中，星云（nebula）的意思是"雾"。星云光线微弱，呈云雾状，且

埃德温·哈勃

哈勃，1889 年出生于美国密苏里州。先在芝加哥大学修读数学及天文学，后为兑现对临终父亲的承诺，前往牛津大学转攻法律。他体格健壮，不仅打篮球，还一度有机会成为一名职业拳击手。回美国之后，他教了一段时间西班牙语，此后才重新回到天文学领域，最终在威尔逊山天文台谋得一个职位。不过因为一战爆发，他应征入伍，短暂离开过一段时间，直到 1919 年，也就是关于宇宙尺度的大辩论的前一年，他又重新回到天文台。在职业生涯后期，哈勃为了天文学家有资格获得诺贝尔物理学奖而到处奔走，可惜一直到 1953 年，他过世后不久，他的愿望才得以实现，诺贝尔奖评委会终于决定放弃固有的原则，开始给天文学家颁奖。

大小不等。较大的在天空中看上去和满月差不多，而较小的星云在大型望远镜出现之前，则难以跟恒星区分开来。当使用足够大的望远镜进行观测，一些星云看起来似乎具有旋涡状结构，可它们究竟是什么呢？

尽管在 20 世纪早期，我们就已经知道太阳系是银河系的一部分了，但那时的人们对宇宙的结构知之甚少。大多数天文学家认为银河系就是宇宙，你能在夜空中看到的一切都是这个宇宙体系的一部分。但旋涡星云令一些观察者感到疑惑，他们开始认为这些雾状天体根本不是银河系的一部分，而是"岛宇宙"（island universe），银河系本身就是一个"岛宇宙"。这是当时关于宇宙大小讨论的一部分，这一讨论将在美国天文学家哈洛·沙普利（Harlow Shapley）和希伯·柯蒂斯（Heber Curtis）的世纪大辩论中达到高潮。

1920 年 4 月 26 日，美国国家科学院会议在华盛顿举行。威尔逊山天文台的沙普利认为宇宙有且只有一个星系，它非常庞大（直径超过 20 万光年），而且我们的太阳离其中心很远。旋涡星云是这个单一星系宇宙中遥远的气体或尘埃云。利克天文台的柯蒂斯则持相反观点，认为我们的星系要小得多，直径只有 6 万光年，太阳在其中心附近，而最关键的一点是他认为旋涡星云也是"岛宇宙"，是和银河系一样的独立星系。在他的模型中，宇宙是由许多"岛宇宙"组成的。

如果是往年，这样的辩论会还经常提供葡萄酒。但那时的美国，禁酒时代[3]才刚刚开始，葡萄酒也就无从谈起了。两位天文学家读读各自的论文，然后就对方的问题做出回应，却无法得出任何结论。当然，那时候也不可能有任何结论。沙普利和柯蒂斯的论点都是基于他们自己和其他人的现有数据，如果某一方的证据足够充分，这场辩论也就不会发生了。不过值得注意的是，关于银河系有多大，太阳是否在银河系中心，银河系是否等同于宇宙，旋涡星云究竟只是银河系的奇异特征还是完全独立的星系——"岛宇宙"，直到 20 世纪，当时主要的天文学家在这些问题上依然存在分歧。现在看来，当时的一些观点还是受这样一种信念的驱使，即人类必须是一切事物的中心。哥白尼否定了地球是太阳系的中心，但我们还是想至少能成为某些宇宙的中心。会议上柯蒂斯提出需要更多的证据，在这一点上大家达成了共识。而那个将为人们提供证据的人其实早就开工了，他的证据将永远地改变我们对宇宙的看法。

右图 在没有光污染的晴朗夜空，我们可以用肉眼看到仙女星系。这个星系有 1 万亿（10^{12}）颗恒星，大大超过了我们银河系的恒星数量

造父变星的亮度可变，是因为当它接近生命的终点时，会脉动或是呈规律性地扩张和收缩。当它变大时会冷却，温度下降，发出的光减少，亮度进而减弱；当它变小时，温度升高，亮度就会增加。1908 年，美国天文学家亨利埃塔·勒维特（Henrietta Leavitt）发现了这种关联性，并通过数学形式精确地表示了出来。造父变星也被誉为测量天体距离的"量天尺"。

哈勃的发现

埃德温·哈勃是个大人物，他的成就非同寻常，但不是每个人都喜欢他：有人说他过分强调自己的贡献，埋没了别人的付出。不过流传至今的也只有他的名字，尤其是以他的名字命名的哈勃空间望远镜。

在威尔逊山，哈勃利用胡克望远镜解决了旋涡星云的问题。旋涡星云虽然被描述为尘埃云，但很明显其中可能存在着恒星。哈勃的突破来自他注意到仙女座大星云中有一种特殊的恒星，可以用它来测量距离。背后的原理其实相当简单：一颗恒星离得越远，亮度就越低，因而通过测量亮度，就可以估算出它到地球的距离。问题是恒星的种类有很多，你不知道某一颗恒星在特定的距离上应该有多亮。变星（variable star）的亮度会发生变化，这一点人们数百年前就知道了。其中有一种非常特殊，叫作造父变星，它们的亮度和它们变亮或变暗的速度是相关的。通过记录亮度的变化速率，你就能算出这颗恒星到底有多亮，然后你就能知道它离地球有多远了。

哈勃在仙女座大星云[4]中发现了一颗造父变星，这意味着他可以测量出这颗变星离我们有多远——这是史无前例的。经过计算，结果不容置疑：仙女座大星云距我们 250 万光年之遥，远超沙普利所估计的银河系大小，因此它必然位于银河系之外，是自成一体的岛宇宙或星系。这一发现相当震撼，带来的一个结果就是，仙女座大星云自此改名为仙女星系。这是离地球最近的大旋涡星系。通过这一简单的观测，哈勃极大地扩张了已知宇宙的大小。

哈勃的一大长处在于他似乎具备无穷无尽的观测能力，很快他就测定了许多其他星系的距离。由于哈勃的努力，现在我们终于知道宇宙比任何人想象的都要大得多，它由许多星系组成，而银河系只是其中的一个。这个观点本身并不新颖，爱沙尼亚天文学家恩斯特·奥皮克（Ernst Öpik）和其他一些人都曾提出过，但最终为此找到证据的是哈勃。不过他并未就此止步。

哈勃想对这些银河系之外的星系有更多的了解。首先，他对天空进行了巡查。哪里可以找到星系呢？答案是：无处不在。胡克望远镜可以观测到的每一个方向上都发现了星系，宇宙中似乎充满了星系。他努力地寻找着关于这些星系更多的信息，特别是它们在宇宙中是如何运动的，以及它们是由什么构成的。这些星系发出的光一路长途跋涉抵达地球，承载着所有这些信息，而哈勃的设备则可以解读它们。

你可能已经注意到，世界上许多地方的路灯发出的光都是颜色完全相同的亮黄色。这是因为路灯的灯泡中都含有钠蒸气，受到电子撞击后，钠会发出一种特定颜色的光。也就是说如果有钠的存在，就能产生一种特定的黄色。了解这一特性非常重要，当你看到展开的彩虹光带时，你就能通过观察确定是否存在这种特定的黄色，从而判断太阳中是否含有钠元素。我们会在第2章中详细解释光分解时的情况。

彩虹，在我们肉眼观察下是连续的，实际上它是由许多彩色线条组成的。这些颜色非常独特的线条，反映了太阳内部的组成元素。每一种颜色的光都是太阳内部的一种特定元素发出的。需要再次强调的是，一种化学元素发出光的颜色总是确定的，因此如果你在光谱中找到了一种光线，就可以确定它是由哪种元素发出的。通过这项技术可以确定太阳和其他恒星中

……我们不断深入宇宙，直到我们能够探测到最微暗的星云……才算抵达了已知宇宙的边界。

——埃德温·哈勃

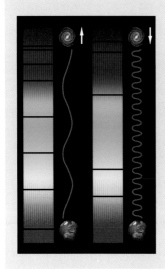

资料档案 ｜ 多普勒效应（Doppler effect）

当救护车鸣笛经过的时候，你听到的音调会发生变化。当它迎面开来时音调会越来越高，而开走的时候音调会越来越低。听到的音调高低取决于每秒到达你耳朵的声波的数量。这一现象是由奥地利物理学家克里斯蒂安·多普勒（Christian Doppler）于 1842 年发现的。他进一步推断光的传播也有相同的效应——当光源向你移动或远离你的时候，光的波长会有所变化。在这种情况下，你看到的将是光变红了一些或是变蓝了一些。哈勃确信钠元素产生的光不管在地球上还是在遥远的星系中都是一样的，只不过因为多普勒效应的存在，当星系远离或靠近我们的时候，我们看到的钠光在光谱上会向红光或蓝光方向偏移。

有哪些元素——事实证明其他恒星和太阳中含有的元素是一样的。如果将光谱延展到一定程度，就会出现所谓的夫琅禾费谱线（Fraunhofer line），每一条谱线都对应了一种化学元素（见第 71 页）。

哈勃想了解他所观察的星系中的元素，但他主要想利用光谱来测量星系移动的速度以及方向。这种方法并不是哈勃首创，但又一次是哈勃将它付诸实践，并得到了不容置疑的有力证据。前面提到钠在地球上产生的光总是同一种特定的黄色，但他发现来自其他星系的钠光是一种略有不同的黄色，要么偏红，要么偏蓝。这并不是因为元素的化学性质在其他星系中发生了改变，而是因为这些星系在运动——这一效应导致已知元素发出光的颜色略有变化（见资料档案）。

哈勃首先测量了星系的蓝移或红移。离我们最近的仙女星系发生了蓝移，表明它正向银河系移动。这本身就是一个了不起的发现，因为在哈勃开展相关工作之前的几年间，大多数人都没有意识到仙女座是一个星系。近年来，有人认为有一天它可能会与银河系相撞。紧接着哈勃观测了更远的星系，并很快注意到一种诡异且令人不安的规律：超过一定距离后，蓝移就消失了。距离我们更远的不同星系的红移量固然是不同的——表明它们正以不同的速度移动，但它们无一例外都是红移。只要得出的是合乎逻辑的结论，哈勃并不在意会引起多大争议。而这个结论就是：如果所有遥远的星系都发生了红移，那意味着它们正在远离我们。

为什么会这样呢？哈勃有现成的答案。别忘了，他已经用造父变星测量了地球到各星系的距离，现在只需要将距离和红移结合起来。他发现，这两者达到了科学家们梦寐以求的、异乎寻常的那种高度匹配。最终图表上呈现的是一条直线：星系离我们越远，红移就越大。换句话说，星系离我们越远，远离我们的速度就越快。既然一切都在远离地球，这似乎意味着我们肯定是处在某个中心位置。但哈勃却意识到这其实和我们的位置无关，宇宙任何地方都可以观测到同样的现象，因为整个宇宙都在膨胀。

膨胀的宇宙

埃德温·哈勃通过 1929—1936 年发表的一系列论文宣告了他的研究结果，但并不是所有人都就此信服，这其中就包括阿尔伯特·爱因斯坦。爱因斯坦早就知道自己的方程式可以描述一个缓慢膨胀的宇宙，但他觉得这肯定有问题。和很多人一样，爱因斯坦确信宇宙是恒久不变的，而且一直和现在看起来的别无二致。所以他修改了方程，额外地增加了一项（即宇宙常数）来消除膨胀，使宇宙保持静态。但现在哈勃有证据表明爱因斯坦的原始方程就是对的。宇宙膨胀带来的影响让爱因斯坦头疼不已。如果宇宙目前正在膨胀，那意味着过去的宇宙比现在的要小得多。但具体小多少，又是什么时候开始膨胀的呢？要解决这两个问题，只需假设宇宙以恒定速度膨胀，那从现在开始

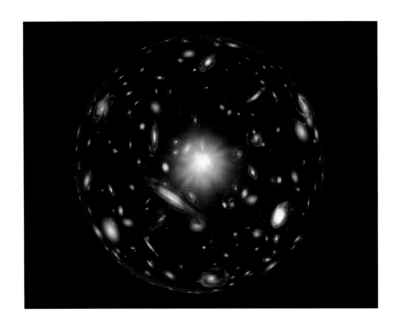

左图 这幅图展示了一个不断膨胀的宇宙及其包含的星系，宇宙的大小有限，但没有边界。这幅图是二维的，但显示了一个三维天体所代表的四维宇宙。中间的黄光代表的是宇宙大爆炸的起始点。这些星系分布在一个膨胀的气球表面上，而这个气球起源于它的中心。气球的表面没有边界，但面积有限。星系在不断增长的表面上彼此远离，而不是远离中心点

向后回溯，宇宙将不断缩小，直到大约 140 亿年前宇宙就只是一个点。若是连爱因斯坦都对宇宙起源于一个点的想法忧心不已，其他人的担心也就不难想象了。他们争辩道，即使哈勃提供了宇宙正在膨胀的证据也不能表明它一直都在膨胀。英国天文学家弗雷德·霍伊尔（Fred Hoyle）就是"稳态宇宙说"的支持者之一。证据自然是不容辩驳的，但霍伊尔和其他一些人认为我们看到的膨胀会被宇宙其他地方的收缩——他所谓的"连续创造"——所抵消，这样宇宙最终还是处于稳定状态。霍伊尔觉得所谓宇宙起源于一个点的想法非常荒谬，不屑地称其为"大爆炸"。他的本意是为了嘲讽，但由于特别形象生动，"大爆炸"这个名词从此沿用至今。跟他的理论相比，还是这个"蔑称"更加广为人知。

如果让你想象一下哪些科学家会支持大爆炸的理论，你的脑海中可能不会出现乔治 – 亨利·勒梅特神父的名字。这位耶稣会牧师在哈勃公开研究成果之前的 1927 年就第一次发表了他的理论，但当时并没有引起多少关注。对于一名宗教人士来说，

宇宙于一天之内产生的想法当然很有吸引力，但勒梅特的理论却是基于缜密的数学推演得出的。勒梅特始终坚持自己的看法，1933 年，他出席了加利福尼亚的一场会议并详细阐述了自己的观点，在场的还有爱因斯坦本人。这次爱因斯坦终于恍然大悟，他意识到勒梅特的理论和哈勃的证据实在是难以否认的。他为了防止自己的方程描述一个不断膨胀的宇宙而发明的"宇宙常数"是没有必要的，这是一个巨大的错误。

膨胀的宇宙模型很快为大众所接受，它提供了一种理解胡克望远镜观测结果的新思路。遥远星系发生红移是因为空间本身正在膨胀，当光通过时，波长会变长，使它们看起来显得更红。科学界随之面临的挑战是，如何理解一个点在大爆炸后最终发展成了一个跨度至少有 140 亿光年并充满星系的宇宙。宇宙是由什么组成的？你又如何构建一个宇宙呢？

今天的我们正从两个方向进行探索。一方面，物理学家们正尝试运用巨大的能量来创造类似于大爆炸后的瞬间环境——

右图 这是宇宙大爆炸的想象图。科学家可以利用物理学定律将宇宙的历史追溯到大爆炸后的万亿分之一秒，但他们仍然不知道宇宙刚诞生的那一刻究竟发生了什么，因为我们所知道的物理学定律在那一刻并不适用

乔治－亨利·勒梅特

　　乔治－亨利·勒梅特是一位比利时牧师，后为教皇科学院的院长。他出生于 1894 年，在第一次世界大战中因英勇作战而被授予比利时十字勋章，战后接受圣职成为一名牧师。在宗教和科学的融合上，他做出了特殊的贡献。尽管今天看来他多少有点古怪，但他的科学资历却相当不错：曾在剑桥大学师从阿瑟·爱丁顿，后来又师从马萨诸塞州的哈洛·沙普利。他还深入研究了爱因斯坦的论文，认为其理论加以拓展后可以描述一个不断膨胀的宇宙，也就会出现他所称的"原始原子假说"，即宇宙大爆炸。勒梅特在得知宇宙微波背景辐射的发现后不久于 1966 年去世，而这一发现恰好证明了他关于宇宙诞生的理论。

　　当然这次是在大型实验室里进行的；而另一方面，天文学家们正越来越深入地观测太空中的天体，这些天体发出的光从最初的宇宙传播到现在。有没有可能追溯到大爆炸发生的那一刻，或者至少能看到一些可以证明大爆炸的确凿证据。

重现早期宇宙

　　瑞士日内瓦附近的欧洲核子研究中心（CERN）是世界上最大的粒子物理实验室。这里的实验主要是粉碎粒子，其目的不仅是为了揭示粒子是由什么组成的，更是为了探寻物质本身的核心是什么。当欧洲核子研究中心的一台新机器在 2007 年底启动后，它会在内部产生一个微小的火球，火球将达到自大爆

资料档案　｜　大爆炸

　　从哈勃空间望远镜的观测结果中不难推出一个惊人的观点：我们的宇宙发端于一瞬间，包括物质、空间和时间在内的一切事物，都起源于大约 137 亿年前的一个点。新诞生宇宙的温度和密度都是无穷大的，但是在万亿分之一秒内，由纯能量产生的粒子出现了。随着温度下降，引力从电磁力和核力中分离出来，释放出巨大的能量，使宇宙以超光速膨胀。不到 1 秒钟，它就从针尖大小变成了星系大小。38 万年后，原子形成，物质开始聚集成狭窄的细丝，细丝之间是巨大的虚空。

炸大约半秒钟后至今的最高温度。通过它，物理学家们希望找到宇宙起源时的一点蛛丝马迹。在那时，我们现在所熟知的物质，甚至是原子内部的粒子都不存在。相反，科学家们希望能探测到一些"奇怪"的东西，也许能解释为什么宇宙会演化成现在的样子。

所有这些设施都是为了产生尽可能多的碰撞，因为大部分的碰撞都不会有什么特别的发现。用于碰撞实验的粒子有数千亿之多，但发生真正碰撞的概率其实是很小的——尽管欧洲核子研究中心的工程师们竭尽全力集中质子束。围绕隧道的磁铁会加速并聚集粒子，产生几厘米长、比头发丝还细的质子束。每一个这样的质子束中包含有 1 000 亿个质子。来自顺时针和逆时针方向管道的质子束会迎头相撞。不过大多数情况下，它们都只是擦肩而过而没有发生真正的碰撞。即使一次有 2 000 亿个质子参与，预计也只会产生 10 到 20 次的碰撞。不过考虑到两个方向每秒都会有 4 000 万个质子束经过，这个结果看上去也就没那么糟糕了。一切运转正常时，每秒可以产生 6 亿次碰撞——这其中任何一次都可能是科学家们所期待的。大型强子对撞机的任务是为质子碰撞提供足够的能量，以产生像希格斯（Higgs）粒子这样的神秘粒子。探测器则负责寻找这些粒子，阿特拉斯就是其中最大的一个。

阿特拉斯探测器

如果要感受一下大型强子对撞机的规模，你得绕着它走上一圈，才能看到上千块的磁铁以及数十千米长的电缆和管道。相比之下，阿特拉斯探测器却可以一览无余，它是如此的宏伟壮观，可以说它是地球上最复杂的机器：长 46 米，高 25 米。它的任务是让时间"倒流"。其工作原理简单来说是这样的：高速移动的质子束从直径 28 毫米管道的两端进入，每秒发生 6 亿

大型强子对撞机管道内有两个较小的管道，质子在其中分别按顺时针和逆时针方向被加速

这是大型强子对撞机内部离子碰撞的计算机模拟图像。碰撞产生了一种等离子体，这种等离子体存在于大爆炸之后的数微秒内

欧洲核子研究中心的大型强子对撞机

　　漫步于欧洲核子研究中心，你很快会发现要深入研究宇宙中最小的粒子——亚原子粒子，需要地球上最庞大、最复杂的机器之一：大型强子对撞机。这台机器本质上是一个非常简单的装置：一根长长的管子或环，质子（也就是氢原子的原子核）在其中被加速到光速的 99.99 999%，然后相互撞击。由此产生的火球向各个方向喷射粒子，接着一台叫作阿特拉斯的探测器（ATLAS，超环面仪器）就要查明里面发生了什么。如果它找到了希格斯粒子（有时也被叫作"上帝粒子"）存在的证据，或许我们最终能知道为什么物质会有质量。

　　如果出现了看上去不遵守对称定律的碰撞，那我们或许就能对暗物质有更多的了解。虽然四分之一的宇宙都是由暗物质组成的，可至今从未被检测到过。要是能揭开质量和暗物质的奥秘，诺贝尔奖简直就是唾手可得了。但在此之前，大型强子对撞机需要完成任何其他机器都没有做过的事。

　　大型强子对撞机的隧道位于地下 100 米处。最开始它只是用来开展使用电子的实验，这就带来了一个问题。理想情况下，质子实验需要的环要大得多，因为质子的质量是电子的将近两千倍。当质子在隧道中的速度越来越快，

大型强子对撞机加速质子的管道呈环状，长 27 千米，位于法瑞边境地下 100 米处。你可以骑着自行车走完全程，没有人会要求你出示护照

就越难让它们保持绕圈运动。这时候就要使用磁体来束缚住质子。要做到这一点，需要使用多达 1 000 多块磁铁，确切地说是 1 232 块。这些磁铁本身是超导的，这意味着它们必须处于非常低温的状态，只比最低温度——绝对零度（−273.15 ℃）高 1.9 ℃。此外，磁体内部还有无数的金属丝，全部拉直相连的长度是地球到太阳距离的 5 倍。

　　但这些投入是值得的，因为一旦这些质子开始运动，磁体给它们提供的能量要比在电子实验中提供的多得多。而要出现接近大爆炸

的条件，巨大能量是必不可少的。要让质子在真空中循环，27 千米长的管道都必须是完全密闭的。这些管道的真空性能甚至好到没有办法用仪器检测，因为如果这样做的话，检测仪器带进管道的分子会比管道里原有的分子还要多。27 千米的管道内部有两根小管道，一根用于质子顺时针方向的加速，另一根供质子逆时针方向加速。两个方向的质子只有在要碰撞时才会相遇，比如在阿特拉斯探测器（见第 27 页）的每一个检测实验中。全速状态下两个方向的质子每秒可绕环 11 000 圈。

次碰撞，新产生的粒子会从质子被击碎后的火球中向四面八方喷射。阿特拉斯必须追踪这些粒子并确定它们是什么。但单一的探测器无法完成这项工作，所以阿特拉斯由一层又一层不同的探测器组成，最靠近中心的探测器负责追踪存在时间较短的粒子，外层的探测器则对穿过其他各层的任何粒子都很敏感。但这样就需要配置大量的硬件设施。信息过载则是阿特拉斯面临的另一大问题。每秒有6亿次碰撞，每次碰撞会产生数十万比特的数据，要将所有数据都存储下来用于之后的分析是完全不可能的，也因此并不会这么处理。一旦发生碰撞"事件"，高速计算机就会对其进行自动分析，当然分析速度一定要快。在6亿次碰撞中，通常只有10到100次是值得记录的，其余的都被舍弃了。但这仍然会产生大量的数据——当大型强子对撞机正常运行时，每天会有多达300万个有效碰撞事件被记录下来。即便如此，真正有趣的，比如那些可能揭示希格斯粒子或暗物质的事件，还是非常罕见的：一年能发现一个以上就算做得非常出色了。

阿特拉斯探测器和哈勃在威尔逊山上使用的胡克望远镜似乎完全不在一个次元。这不仅仅是因为两者使用的技术有着巨大的差异，还因为阿特拉斯探测的东西微乎其微，而胡克所探寻的事物则硕大无朋。然而，两者追求的目标都是一样的：了解宇宙的运作方式，尤其是它的起源。到目前为止，宏观世界和微观世界的法则仍然大相径庭。但欧洲核子研究中心的发现，可能会把它们统一起来，尤其是如果事实能证明，决定恒星和星系运动的引力和质量是由微小粒子造成的。

虚拟宇宙

要是有一部关于宇宙起源的电影，我们能从中看到大爆炸之后的哪些连锁反应导致了星系的诞生，各种成分又是如何相

下图 这是一个巨大洞穴中在建的阿特拉斯探测器。看看在起重机架上工作的工程师有多小。阿特拉斯内部是一层又一层围绕着质子碰撞点的探测器。碰撞会产生大量的粒子，其中一些粒子存在时间太短，以至于永远看不到它们。相反，阿特拉斯会在这些粒子分解时捕捉它们的碎片，通过这种间接的证据，科学家可以知道这些粒子确实存在过

互作用的，那可就太方便了——当然这不太可能，除非……你去达勒姆（Durham）拜访卡洛斯·弗朗克（Carlos Frenk）教授。弗朗克教授不仅拍了这样一部电影，他还构建了很多不同版本的宇宙。最近，他构建的这个版本看起来已经非常接近真实的宇宙了。

弗朗克教授的影片非常精致，戴上偏振光眼镜后甚至可以在他可视化实验室的巨大屏幕上欣赏到3D版本。但他会向你指出，你看到的不是艺术作品，而是实实在在的科学产物，是基于物理定律的模拟。这些物理定律都是众所周知的，并且他假设能应用到今天的定律同样也适用于宇宙形成之初。但要制作一个好到可以演化为和现实宇宙一样的版本，所需的原料是我们尚不清楚的。所以弗朗克教授称他所做的是"宇宙烹饪"：选好配料，放进电脑，让它自行"烹煮"。

事实上，达勒姆大学的计算宇宙学研究所（Institute for Computational Cosmology，ICC）并没有创造出完整的宇宙，他

阿特拉斯内部探秘

阿特拉斯内部一层一层的探测器会对质子的碰撞进行监测，试图了解碰撞时究竟发生了什么。最内层的像素探测器紧紧地排布在碰撞发生的管道外侧。你可以把它们想象成具有5 000万像素数码相机的传感器。像素探测器外层是轨迹探测器，可以探测粒子的运动方向。再外一层是测量粒子能量的量能器。最外层的是μ子探测器。μ子穿越其他物体时不会发生改变，因此检测它的探测器就放在了直径已经非常庞大的阿特拉斯的最外层。

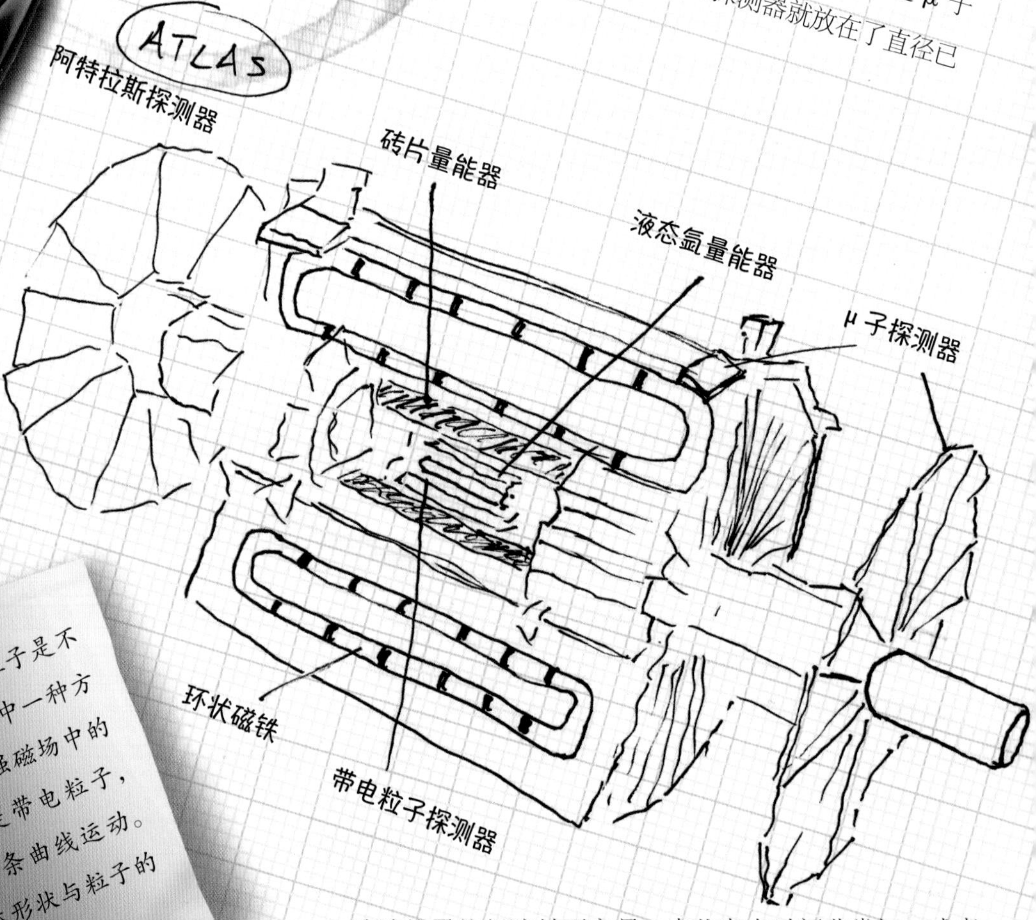

阿特拉斯探测器

ATLAS

砖片量能器

液态氩量能器

μ子探测器

环状磁铁

带电粒子探测器

要确定某种粒子是不是新的种类，其中一种方法是观察其在强磁场中的行为。如果是带电粒子，它会沿着一条曲线运动。曲线的具体形状与粒子的质量和速度有关。

追踪粒子的行踪并不容易。有些存在时间非常短，或者你只能探测到由一种粒子分解成的其他粒子，比如踪迹难寻的希格斯粒子就是如此。科学家们希望通过追踪其分解成的其他粒子来证实希格斯粒子的存在。

科学家们正试图通过阿特拉斯探测器来了解过去的宇宙。根据探测器中粒子留下的一系列轨迹，是否有可能追踪并反过来推算最初碰撞时发生了什么？

阿特拉斯探测器前视图

欧洲核子研究中心 - 阿特拉斯探测器

环状磁铁

25 米 × 5 米
超过 8 亿千米长的金属丝

质子在中心碰撞，打造迷你版的"大爆炸"

带电粒子轨迹探测器

量能器

μ 子探测器

高 25 米, 宽 25 米, 长 46 米

在我们的"台球探测器"中，白色的半圆就相当于阿特拉斯探测器，而那些球就好像碰撞的质子。就像阿特拉斯一样，这个半圆里面的活动是不会被记录下来的。

碰撞完成后，"检测器"会显示出"质子"留下的轨迹，沿着这些痕迹倒推回去就能知道发生了什么。

光子

电磁量能器

光子、中子、中微子没有留下痕迹

轨迹探测器

质子路径

质子路径

碰撞

们的计算机无法做到这一点。他们转而从大约 100 亿个粒子开始，希望制造出一个大型的宇宙立方体。运算工作由研究所的宇宙学计算机 COSMA 完成，它是英国最强大的计算机之一。现代超级计算机由数百个并行工作的处理器组成，最快时的运算速度可达 1 万亿次每秒。可即便如此，完整的模拟仍然需要几周甚至几个月的时间才能完成。这个宇宙虽说是虚拟的，但规模还是相当大的。

卡洛斯·弗朗克教授构建了很多版本的宇宙。最近他完善了各部分参数，通过电脑程序模拟的宇宙已经非常接近现在这个真实的宇宙了

　　卡洛斯·弗朗克最近完成了迄今为止规模最大的宇宙模拟计算——"千禧模拟"。它模拟了 2 000 万个星系在 20 多亿年间的演化过程。模拟使用的海量数据让技术专家印象深刻，而逼真的 3D 效果则让天文学家们为之惊叹。过去天文学家只能对几个感兴趣的天体进行研究，而现在，得益于运用了数字技术的望远镜和计算机，大规模、精细的巡天观测成为可能。ICC 团队将现实宇宙的观测结果与模拟宇宙进行比较，发现两者的匹配度非常之高。

　　不过弗朗克教授也表示，失败的尝试也不少，原料添加得不对，最后的宇宙就会出问题，千禧模拟的原料就加得刚刚好。它的秘密配方就是：4% 的常规物质，22% 的冷暗物质和 74% 的暗能量。配方的比例或参数哪怕有一点点出入，最后的结果也会大相径庭。比如说，加入的暗物质温度稍高一点，星系就不会形成。把这个版本的宇宙和千禧模拟的宇宙同时投影到大屏

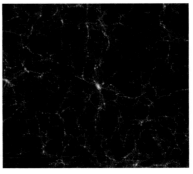
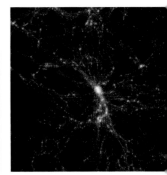

幕上并排运行，可以看到最初它们几乎一样，相似的大结构开始形成。但很快（意思是"仅仅"几亿年后），千禧模拟的宇宙中星系开始形成，并产生通过望远镜才能看到的精细结构，而这些在另一个配方有问题的版本中就看不到了。这似乎证实了，最近才发现的暗物质和暗能量才是宇宙的关键组成部分。添加了这两个原料后，千禧模拟才最终向我们展示了现代宇宙的演化历程。

弗朗克认为，在过去的 10 到 20 年间，我们在宇宙研究方面取得的进展比之前整个人类文明史还要多。他对模拟宇宙有着坚定的信念。当然，这些模拟程序不能提供绝对准确的数学方程，除非你能证明它确实能形成一个宇宙，否则一个关于宇宙形成的方程又有什么用呢？模拟宇宙也几乎是唯一一种可以让你在炫酷的 3D 世界中体验物理法则的方式了。

欧洲核子研究中心关心的是大爆炸后的瞬间发生了什么，而现在宇宙学计算机能帮我们从大爆炸一直推演到星系形成。但在那之后，我们熟悉的那部分宇宙：恒星、行星，还有我们人类自身又是怎么形成的呢？而其中恒星又是最重要的一环，因为恒星像工厂一样，把大爆炸产生的各种原材料加工成各种化学元素，形成了构成行星的岩石和气体，并最终产生了可以演化出生命的分子。建造恒星就是科学家们正在实验室里做的事情。

谦虚不是宇宙学家的本性。

——卡洛斯·弗朗克

下图　图片显示的是一个"成功的"虚拟宇宙演化的不同阶段：物质聚集成丝状结构，最终形成星系

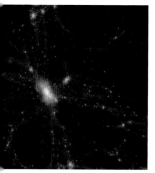

我们的宇宙少了点什么。如果你测量一个星系旋转的速度，从而推算出维持星系运动所需要的引力，你会发现我们可观测到的恒星没有足够的质量来提供这么多引力，恒星无法提供的那部分引力就来自我们看不见的物质：暗物质。暗物质占到了宇宙质量的22%。最近的研究结果显示，宇宙正在加速膨胀，而这一加速过程所需的能量则来自我们尚不能观测到的一种神秘力量：暗能量，它占到宇宙质量的74%。暗物质和暗能量占宇宙质量的96%，这也就意味着我们可观测到的物质只占总量的4%。左图中，暗物质的引力使阿贝尔2218星系团发出的光产生了严重的扭曲。

恒星实验室

卡拉姆科学中心位于牛津郡。在那里，人们天天都在"造星"——一切运转正常的话，每15分钟就能造出一颗恒星。造星的主要原料就是氢，不过地球上的造星者们通常使用的是氢元素的两种重同位素：氘和氚。

氢是最简单也是最轻的一种元素。在人们发现氢气极度易燃易爆之前，一直将它用于飞艇和气球升空。兴登堡飞艇中的每一个氢原子以及水龙头中流出的水（H_2O）里的所有氢元素（H）都是在大爆炸初期产生的。不过水中的氧元素（O）则一直要等到恒星开始燃烧才能形成。在地球上造星还需要一种特定的原料：氢等离子体。我们通常所见的水有3种状态，除了液态，还有固态的冰和气态的蒸汽。但物质还有第四种状态，那就是等离子体。等离子体只有在极端条件下才会形成，比如在闪电或恒星中。（见第34页资料档案）

要控制利用这些带电的等离子体，就少不了磁铁，比如卡拉姆的造星机器就是把等离子体紧密地压入磁铁罐当中。本来这样的罐子用玻璃或不锈钢制作会更方便，只不过在实验过程

BBC 宇宙入门

下图 位于牛津郡卡拉姆科学中心的欧洲联合环流器（JET）[5]核聚变机产生的等离子体。它们被束缚在巨大的磁场中，温度可达数百万摄氏度。图中可见的辉光是等离子体的外层部分与原子相互作用后产生的，等离子体本身不发光

中产生的极端高温（最高可达 2 000 万℃）下，这两种材料都无法承受。随着压力不断增大，等离子体被压缩得越来越致密，最终会出现极为壮观的景象：它们会像一颗小恒星那样燃烧起来。不过，这种强烈的灼烧不会持续太久。目前，科学家们用超慢镜头拍摄了全过程，来看看它是如何开始的，更重要的是，了解为什么这种现象会在这么短的时间里就结束了。

在炽热的"熔炉"中，氢原子在高温和高压下分解，部分氢原子通过核聚变融合成为一种新的元素：氦。从理论上讲，这一过程中释放出的能量会进一步提升温度，从而让这一反应继续下去，这也是数十亿年来，太阳和其他恒星内部一直在进行的过程。

地球上大部分的物质都是由原子聚合而成的。但在恒星内部，温度往往会达到数千万甚至数亿摄氏度，正常的原子物质难以存在。原子中的电子会被剥离，变成独立的带电云体。而原子的剩余部分，也就是原子核，在失去电子之后成为带电的离子。这种离子和电子混合在一起的物质就被称为等离子体。左图中，当耀斑在太阳表面爆发时，等离子体从太阳表面喷射出来。

随着氢聚变成氦，恒星内部会发生越来越多的核聚变，产生越来越重的元素，一直合成到铁元素才终止。但在卡拉姆的实验室中，核聚变在产生了氦元素后却没有再继续下去。

卡拉姆造星团队的真正目的是找到一种我们可以使用的新型清洁能源，造星不过是顺带而为的事情。如果他们能使等离子体温度足够高，规模足够大，且持续时间够长，那么氢的核聚变反应所产生的能量应该就会超过机器运行所需的能量。这是一个巨大的技术挑战，不过一旦成功，好处也是非常诱人的。因为这跟利用化石燃料燃烧发电不同，通过聚变产生能量不会消耗任何不可再生资源，而且非常清洁，整个过程产生的唯一副产品是无害的氦元素。除此之外，它和我们现在利用核能的方式也不同，现在我们利用的核能来自原子裂变，而这一过程产生的放射性核废料需要安全存储数百年甚至更久的时间。

> 核聚变是包括太阳在内所有恒星的能量来源。我们的目的就是要在地球上重现这一过程。
>
> ——安迪·柯克
> 卡拉姆科学中心

爆发的恒星

如果恒星创造了化学元素，那它们最后是怎么出现在地球上的呢？在望远镜出现之前，天空通常被人们认为是亘古不变的。只有一种偶尔出现的星体是例外，中国古代的天文学家们称其为"客星"，而之后的欧洲天文学家则称其为"新星"，这个叫法从此沿用至今。最有名的客星是中国天文学家在 1054 年

观测到的。它异常明亮，白天也清晰可见，整整持续了 3 个星期（见第 152 页）。像所有的客星一样，这一颗在之后的两年中逐渐变暗消散。而在这颗客星原来的地方，出现了某种其他的东西。但直到有了质量较好的望远镜，人们才有可能知道究竟发生了什么。即便不是专业的天文学家，你也能看出那像是发生了巨大爆炸后的遗迹。事实也的确如此。就像在卡拉姆的实验室里发生的一样，恒星燃烧氢并产生氦。只不过在真正的恒星当中，温度更高，压力更大，因而会发生一系列的转化过程，创造出越来越重的元素，从氦开始，最终以铁元素在恒星炽热致密的中心诞生而宣告结束。

上页图　哈勃空间望远镜的彩色增强图像显示了一颗超新星的残骸——蟹状星云。中间的紫色辉光是由电子围绕中心脉冲星周围的磁场旋转而产生的。蟹状星云位于金牛座，距地球约 7 000 光年

但这一过程不会一直持续下去。创造新元素的同时恒星也在消耗燃料。聚变产生的能量不仅让恒星发光，同时也让它维持住一定的形状：没有核聚变产生的膨胀力，恒星会在自身引力的作用下坍缩。最终的结果是：当燃料不足以维持燃烧的时候，恒星就无法支撑自己，例如那些比太阳大许多倍的恒星（只有更大的恒星才能制造重元素），它会开始向内坍缩。这一过程听上去更像是发生在内部的爆炸，而且在最开始也的确如此，只不过内爆产生的巨大冲击波会向外扩散，把恒星外层的部分喷射到太空当中。这一释放巨大能量的过程也就是古代天文学家所观察到的客星现象，我们现在称之为超新星。比铁更重的元素，通常无法在恒星内部形成，都是在超新星爆发时的超高温和超高压下产生的。珠宝中的黄金，老式水管中的铅，还有核电站使用的铀都是这么来的。

由于我们从未深入探究过有"元素制造工厂"之称的大质量恒星，所有这些直到最近都还只是理论。元素的痕迹虽然可以从超新星云团绚丽的色彩中探测到，但我们无法确切证明爆炸中究竟发生了什么。2006 年，斯皮策空间望远镜开始观测另一个超新星仙后座 A（Cassiopeia A）的遗迹。这一遗迹位于银河系中，距离地球 11 000 光年，从天文学角度来说算是非常近了。天文学家推算仙后座 A 超新星爆发时释放的光线首次抵达地球是在 1667 年左右，现在我们可以看到它还在继续膨胀。它之前已经被拍摄过很多次了，但斯皮策是一台红外望远镜，因而可以探测到温度更低的物质。当美国国家航空航天局（NASA，以下简称美国航天局）把新拍摄的照片和之前的照片结合起来，我们可以清楚地看到，恒星爆发后，其内部不同元素犹如洋葱般层层排布在遗迹中：较重的元素在中心，较轻的元素在外围。烟花生产商告诉我们，烟花的制造原理也差不多，围绕烟花的中心，层层包裹着能发出不同颜色光芒的原料，烟花燃烧绽放

资料档案 ｜ 观察超新星

自 1054 年观测到形成蟹状星云的超新星爆发以来，我们只在 1572 年和 1604 年观测到两次银河系内的超新星爆发，两次的亮度都和金星相当。最近的一次是 1987 年，一颗超新星在邻近的大麦哲伦云中爆发。天文学家借此可以研究大质量恒星濒临死亡时的情形。

时依然可以看到这些五颜六色的火光在天空中遵循着一定的排布顺序。

仙后座 A 的"烟花秀"，部分是由爆发产生的冲击波引起的，冲击波依次加热恒星的内层，使得每层所含的元素放射出各自特定颜色的光芒。在我们的有生之年，哪怕是到访银河系里的一颗恒星都是痴人说梦，所以超新星爆发这样绚烂的宇宙表演，可能是我们迄今为止看到的最接近元素起源的一次。我们虽然不能造访恒星，但假如星尘来找我们，又该怎么办呢？

左图　仙后座 A 是银河系中最后一个可以用肉眼直接观测到的超新星。爆发产生的冲击波现在依然在以数百万千米每小时的速度传播

寻找星尘

2006 年 1 月 15 日，一个小小的返回舱重新进入地球大气层，最终在美国犹他州软着陆。为了避免任何潜在的污染，太

空舱内的物品随即都被小心翼翼地送到最干净的实验室进行分析。返回舱中奇特的网格收集器可能包含了恒星和彗星的第一批尘埃样品。这些样品是在太阳系内收集的，因为现在一般认为，尽管数量极其稀少，但星际尘埃应该是无处不在的。这就是星尘号任务，大胆而又极其简单，它采集到的彗星微粒让人们惊诧不已。越来越多的证据——有些就来自太阳系内，让科学家越发难以确定，太阳系究竟是如何演化成现在这个样子的。星尘号任务带回的样品更是增加了这种不确定性。但我们现在寻找的是其他的"太阳系"，以及系外行星（见第 4 章）。目前我们已经发现的系外天体系统和我们的太阳系不大相同。这在一定程度上是因为我们现在的技术只能探测到巨行星，也可能是像我们太阳系这样的恒星系统——内侧是岩质行星（水星、金星、地球和火星），外侧是巨行星（木星、土星、天王星、海王星），在宇宙中的确是非常独特的。

重新思考行星的形成

　　行星的起源似乎再清楚不过了：恒星形成时残留的气体和尘埃形成一个圆盘，环绕着年轻的恒星。之后，气体和尘埃盘不断冷却、凝结，圆盘中的物质因为引力的作用开始聚拢，形成了岩石和金属微粒。较大的微粒成为引力中心，不断吸引更小的粒子而增长变大。当太阳在 50 亿年前开始燃烧时，圆盘的内侧温度升高，冰会蒸发掉，岩质行星在此形成；温度较低的大型行星，即木星、土星在较远的地方形成；而既有岩石又有气体的行星，即天王星和海王星则在更远的地方形成。不过最近似乎有理由表明这种理论行不通了。计算机对组成行星物质的引力进行了模拟，结果表明，行星不是由许多块状物质逐渐堆积、碰撞合并形成的，而更有可能是随着恒星气体云的突然坍缩，行星就开始形成了。气体云坍缩后会迅速形成一个体积

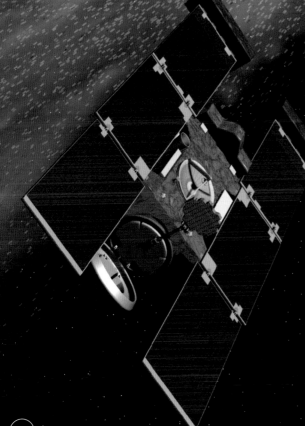

这幅艺术想象图显示，星尘号探测器正在接近维尔特二号（Wild 2）彗星。星尘号上的尘埃收集器正在捕捉彗星的喷出物用于分析

星尘号任务

　　星尘号探测器于1999年发射升空，2006年1月返回地球。它的主要任务是探测维尔特二号彗星（名字取自该彗星的发现者——瑞士人维尔特），在2004年1月经过彗尾时收集彗星尘埃。

　　收集工作是由探测器外部的尘埃收集器完成的，它有点像伸出车窗的网球拍。收集器的一面用于收集彗星尘埃，另一面则收集星际尘埃。收集器由金属网格构成，每一块网格中都填充有气凝胶。气凝胶的成分与玻璃相似，是人类所制作的最奇怪也是最轻的一种材料，它几乎可以飘浮在空气当中，经常被描述为"固态烟雾"。之所以选择这种材料，是因为它可以在不破坏彗星尘埃和星际尘埃的情况下，减速并捕获这些微小的颗粒。这些宇宙粒子以数千米每秒的速度运动，如果它们撞上密度更大的物体，就会蒸发。而撞上气凝胶后，只会留下一个胡萝卜形状的洞，宇宙粒子会停留在"胡萝卜"尖的位置。最后收集到的彗星尘埃不少，但星际尘埃颗粒则要少得多。有人把寻找宇宙粒子的任务比作是在足球场上寻找45只蚂蚁。

这些颗粒实在太小、太稀少，甚至把它们从气凝胶里找出来都是一个不小的挑战。为此，美国航天局还专门聘用志愿者检索气凝胶的显微图像。经过8年的筛查分析，发现了7粒可能来自太阳系外的尘埃，它们可能源于数百年前的一次超新星爆发，并因长期暴露于宇宙极端环境中而有所改变。星际尘埃的寿命只有5000万到1亿年，这也是首次证实的来自当代星系的星际尘埃样本。

星尘号的主要目的并不是收集几粒星际尘埃，而是在经过彗尾时采集它的物质颗粒。许多彗星尘埃已经被发现和回收，也得出了一些很特别也很有意思的结果。比如有些尘埃颗粒似乎是在高温下形成的，这点很奇怪，因为彗星本身是一种冰体。此前人们一直认为彗星是在太阳系的寒冷区域形成的。这些彗星尘埃带来的另一个意外发现是其中包含有大量的矿物质。科学家们对彗星非常着迷，因为彗星往往被认为是行星形成时的残留物，是太阳系早期留下的几乎未受影响的遗物。研究它们可以给我们提供一些线索，了解地球和其他行星是由哪些"原料"形成的。从维尔特二号彗星中收集来的尘埃含有多种有机化合物，以及在很多生命体中也能找到的含碳有机分子。我们并不完全清楚地球上的生命最初是如何形成的，但这些样本似乎表明早期的太阳系拥有许多可能发展成生命的原材料。

2006年1月15日，星尘号返回舱带着微粒样本完好无损地在美国犹他州着陆。主探测器则继续在围绕太阳的轨道上运行

一颗彗星粒子撞击了星尘号的一块气凝胶，撞击速度为6100米/秒

为了找到尘埃收集器气凝胶里的星尘，需要拍摄6000万张照片

行星事实上是在一个孕育
新恒星的环境中形成的。

——海伦·弗雷泽
天体化学家

与木星相当甚至更大的巨型行星。作为太阳系里最初形成的行星，木星就是一颗巨大的气态行星。而这样一颗行星会对剩余的尘埃和气体，也即原行星盘，产生极大的影响：它会把其公转轨道上的所有物质一扫而空。这样一来，原行星盘的内侧会形成岩质行星，而外侧的部分则会形成冰质巨行星。但这个理论可能也有问题：木星形成后，原行星盘外侧剩余的物质并不

资料档案 | 黄道光

　　即使到了现在，太阳系诞生时的原料也没有被全部消耗掉。剩下的物质中，体积较大的形成了小行星和冰质矮行星，而较小的尘埃颗粒则散布在太阳系的平面上。微尘反射的太阳光产生了一种所谓的黄道光，一种沿着黄道线（地球绕行太阳的轨道）发出的微弱光芒。黄道光可以在黎明前或是日落后看到。很多探测器都观测到了形成黄道光的物质结构，主要是由行星际尘埃组成，它们是小行星被撞碎后或是彗星瓦解后的产物。

BBC 宇宙入门

上图 这幅数字艺术作品展示的是在一个刚刚形成的类太阳系中，环绕着新生恒星的由岩石和尘埃组成的原行星盘。一颗类似木星的行星已经在靠近恒星的地方形成了

足以形成土星、天王星和海王星。

目前最新的理论是，巨行星是在靠近恒星的地方形成的。而在太阳系中，这些巨行星却向外移动了——尽管这一过程是如何发生的尚不清楚。我们目前清楚的是，的确在一些恒星周围发现了巨行星，它们离恒星非常近，有的公转一周只要几天，这表明巨行星的确可以在离恒星非常近的地方形成。但我们的观测结果并不全面，因为目前的技术也只能观测到这些非常靠近恒星的巨行星。换言之，要是其他星系有外星人，他们使用我们的技术可能根本探测不到太阳系中的行星。有待回答的问题还有很多，比如类似木星这样的行星是如何在靠近太阳的炙热区域形成的。不过现在我们发现了一些新的类太阳系，有些正处于形成的早期阶段，或许这些恒星系统可以帮助我们了解太阳系是如何形成的。

哈勃空间望远镜

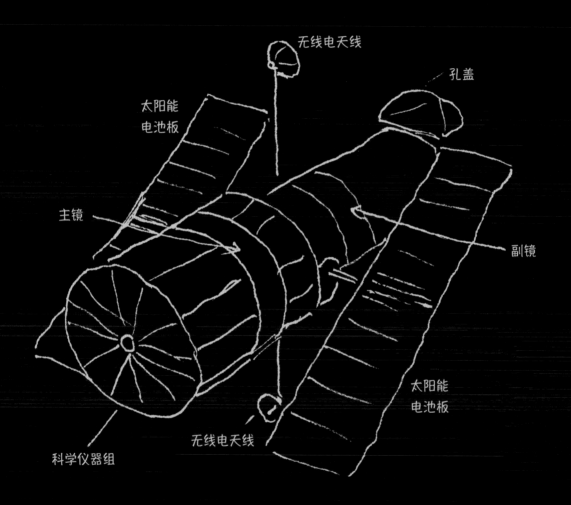

无线电天线

孔盖

太阳能
电池板

主镜

副镜

太阳能
电池板

无线电天线

科学仪器组

第 2 章

观 察 宇 宙

　　在写作本书的过程中，我们有幸参观了人类历史上最庞大的一些科学仪器，其中一些仪器坐落的位置更是非比寻常。但最让人难以忘怀的风景可能最常见又最壮观，那就是：夜空。

　　2006 年圣诞节前夕，我们正在智利北部的帕瑞纳，准备拍摄一组望远镜在夜间的镜头。天文台建在阿塔卡马沙漠一处遥远的山丘上，因为这附近几乎没有什么人造光源，要知道光污染可是天文学的大敌。离开天文台的酒店，要走进帕瑞纳的夜空，我们需要穿过一道"防光门"——连续两扇防止光逃逸出去的门。正是因为没有任何的外部光源，我们每人都拿着一支手电筒。但当门在身后关上的那一刹那，我们完全打消了使用手电筒的想法，眼前所见不禁让人驻足屏息。

左页图　帕瑞纳上空的空气很干燥，明亮的银河异常清晰，闪耀的星光如同斑斓宝石。在图片右边你可以看到大麦哲伦云雾状的光芒

我们从未见过这样的天空。虽然当晚没有月亮，但是星光璀璨。在数不尽的繁星中，我们甚至没办法认出那些熟识的星座。在城市中，你通常只能看到猎户座中最明亮的 7 颗星，而在这里，却是一片星光的海洋。银河，那条星星组成的明亮光带，当然一眼就能认出来，但是更壮观的是银河右边两块云雾状的大小麦哲伦云。它们的名字来自伟大的葡萄牙探险家斐迪南·麦哲伦（Ferdinand Magellan）。16 世纪 20 年代，当麦哲伦在南半球航行的时候，他观察到了这两片星云（当然在他之前的数千年时间里，人们也一直能看到）。这些"星云"实际上是离我们最近的星系，能亲眼看到它们实在是激动人心的体验。

这一经历让我们难以忘怀，相信在人类历史的长河中，许多人都有和我们类似的感受。看到如此壮美的夜空，你肯定忍不住想要了解它的一切：夜空中有什么？我们看到的点点星光和成片的光芒究竟是什么？这些问题问起来很简单，但要回答可就没这么容易了。我们是幸运的，随行的一位天文学家一直在为我们答疑解惑。但如果是一个对夜空一无所知的人，他要怎么开启一场探索之旅呢？

正是因为前人驻足，好奇地打量并用自己的聪明才智探索星空，才有了这本书。起初，他们只是用自己的眼睛观察，然后用上了一些简单的测量工具。最终，在大约 400 年前，望远

资料档案 ｜ 度量宇宙

　　最早用来探索宇宙的技术非常简单，但是象限仪（如图所示）这样的仪器还是非常重要的。早期的天文学家们用它记录天体的地平高度，从而知道恒星和行星每日、每月、每年的运动情况。知道了这些信息，我们才发现原来太阳系的中心是太阳而不是地球，以及行星是按椭圆形轨道公转的。巧妙地利用数学方法和地面上的仪器，甚至可以测量出包括地月距离在内的天体间距离。

伽利略·加利莱伊

伽利略是一位意大利天文学家、哲学家、数学家和物理学家。诸多具有创意的杰出成就为他赢得了"近代科学之父"的称号。伽利略于 1564 年出生在意大利的比萨。1592—1610 年，他在帕多瓦大学教授数学。1610 年，他发表了第一份天文观测报告。1611 年，他将自己的望远镜带到了罗马，让罗马大学的牧师数学家们可以亲眼看一看木星的卫星。1633 年，伽利略出版的一些天文学著作使他与教会发生了冲突。他被命令前去罗马并接受异端的罪名。此后，伽利略一直遭受软禁，直到 1642 年去世。

镜的发明第一次让观察宇宙有了比肉眼更好的手段。最早的望远镜非常原始，但并不妨碍它给我们带来富有启示的观察结果。当人们意识到技术可以让我们以全新的方式观察宇宙之后，一场制造更大、更好、更精巧仪器的竞赛就开始了。在本章中，我们不仅会回顾这场竞赛中的一次次较量，也会带来最新的进展，看一看那些精密的仪器如何拓宽了我们看待宇宙的视野，达到用肉眼观天的古人们难以想象的境地。

望远镜升级竞赛

在智利那个星光灿烂的夜晚，我们正在参观一个处于宇宙探索最前沿的地方。许多科学仪器都有一个高深莫测的名字，但这台位于帕瑞纳天文台的仪器，名字却非常简单，就叫甚大望远镜（Very Large Telescope，VLT）。

甚大望远镜不仅是一个名字，更是一种宣言。在天文学的世界里，越大似乎就意味着越好。17 世纪初，最原始的望远镜刚一出现，人们几乎马上就开始争相制作更大的望远镜。不过有意思的是，用于制作望远镜的材料早在 13 世纪就出现了，玻璃被打磨成透镜，用在了当时的眼镜片上。只要有人把两块合适的眼镜片一前一后地放在眼前，透过它们去看，望远镜就诞

BBC 宇宙入门

生了。可是这样的偶然发现花费了近 400 年时间。具有讽刺意味的是，虽然人们普遍认为是德裔荷兰籍眼镜制造师汉斯·李普希（Hans Lipperhey）发明了望远镜，但当他在 1608 年为之申请专利时却被拒绝了，理由是望远镜太容易发明了。这可能是因为此种"让远方事物看上去近在眼前"[6]的装置早已被制作眼镜的匠人使用了，只不过他们也许是文盲或者对于推广这项发明没什么兴趣。尽管如此，李普希在海牙提交的专利申请还是让整个欧洲都产生了兴趣。

想要亲手操作一番望远镜的人当中，就有意大利数学家、科学家伽利略·加利莱伊。1609 年夏天，伽利略正在威尼斯。当他听说有一架望远镜被运到了帕多瓦时，他立刻就赶到了那里，却发现望远镜的主人已经掉头回了威尼斯。不过那个时候，伽利略已经收集到足够的资料来建造他自己的望远镜了。他造

的第一架望远镜只有3倍的放大率，和最早的望远镜差不多，工作原理和观剧镜一样。观剧镜就是在剧院里为了看清台上表演使用的小型双筒望远镜。使用这种望远镜时，你得不停地告诉自己，它真的会比你用肉眼看到的更多。伽利略决定着手改进原来的设计，并在几周之后就做出了8倍放大率的望远镜。而到了1609年10月，放大率又提升到20倍，这给天文学带来了彻底的改变。伽利略立刻用这一新型望远镜观测了月亮、金星和木星，并有了3个重大发现。

17世纪早期，科学界经历了一场剧变。古希腊科学和数学的新发现推动了新研究和新思想。然而天主教会却竭尽所能维护它们所宣扬的传统世界观。这种世界观的理论基础建立在古希腊哲学家亚里士多德构建的模型上，即宇宙是一颗环绕地球旋转的完美水晶球。可这种模型只是哲学思考的产物，缺乏有力证据的支撑。

而现在，伽利略第一次找到了证据。不过他看到的宇宙和教会所相信的宇宙并不一样：月亮并不是神秘莫测、散发着光芒的神圣之物，而是一个岩石世界，月亮表面的山脉和其他特征都表明了这一点；金星之前一直被认为是一颗明亮的恒星，现在发现完全不是这么一回事，通过伽利略的望远镜可以看到，金星不像恒星那样是个光点，而是一个圆盘。此外，伽利略还发现，正如月亮周期性地会从新月变为弦月再到满月，金星的形状也会经历类似的变化。木星看上去也是一个圆盘，不过伽利略注意到木星周围总是有4个微小的光点。

伽利略很清楚看到的是什么：金星的形状会发生这样的变化，只可能由于它是一个围绕太阳运转的球形天体，受到太阳照射的部分不断发生变化而产生了这样的结果；木星周围的小亮点是它的卫星，而如果这些卫星会围绕木星运转，那它们每晚的位置会发生变化这一点也就能得到解释了。伽利略在1610

上图　这幅 17 世纪的图阐释了哥白尼以太阳为中心的新宇宙观。图中可以看到地球围绕着中间的太阳运动

年发表了他的观测报告。这些发现是惊人的，因为它们完全颠覆了已被人们接受的宇宙观：天体并不都是完美的光点，金星和木星很明显是由块状物质组成的，就像地球一样。而地球也不是水晶球中受万物围绕和旋转的宇宙中心。金星看来是围绕太阳旋转的，而木星的卫星（之前的任何一种宇宙模型都未描绘过这种天体）则围绕它们自己的行星旋转，而非地球。

　　让太阳回归太阳系中心的不是伽利略，而是波兰数学家尼古拉·哥白尼（Nicolaus Copernicus）。哥白尼发现，如果假设行星是围绕太阳运转的话，更容易解释行星的运动（见第 120

页）。这个理论让教会感到恐慌，所以当伽利略使用望远镜找到了确凿证据，可以证明哥白尼是正确的时候，他的行为也引起了很大的争议。他制作的世界上第一架像样的望远镜确实是一件非常强大的工具，但伽利略自己却得承担相应的后果——1633 年，他因异端罪名受到审判。

说伽利略的望远镜有 20 倍的放大率其实容易让人产生误解，因为一架强大的现代双筒望远镜也只能达到 20 倍的放大率，但实际效果却是伽利略的仪器远不能比的。问题在于设计和使用的材料。李普希之所以能发明望远镜的确可能是因为玻璃镜片的改良，但是按照今天的标准，当时玻璃的质量还是相当差的。镜片的打磨也很粗糙，只要打磨靠近中心的位置即可。所以伽利略的望远镜使用了孔径，即中间开口的圆盘，这样光只会从镜片中间部分经过。再加上镜片本身的排布，最后的视角就变得非常狭小了。现代仿制的伽利略望远镜只能看到满月的四分之一。

所以这类所谓的高倍望远镜虽然制作出来了，用处却不是很大。它不能让你看到更多的东西，而且也很难在天空中瞄准正确的位置。这在 1617 年和 1645 年制作的专门用于天文观测的望远镜上稍有改进。伽利略制作的那种望远镜，凸透镜（又称正透镜，可以放大物体）作为物镜放置在前，凹透镜（又称负透镜，使物体看起来更小）作为目镜放置在后，这样最后看到的是正像。但这样的设计已经没有多大改进空间了。之后人们发现，用两块凸透镜产生的成像虽然是倒立的，看起来稍微有些不便，但是效果更佳，视野更宽阔，从而更容易在天空中找到感兴趣的天体进行观测。

打造世界上最大望远镜的竞赛在 17 世纪中叶正式开启。伽利略望远镜的镜筒差不多有 2 米长。到了 17 世纪 50 年代，伟大的荷兰科学家——发明了摆钟的克里斯蒂安·惠更斯（Christiaan

Huygens），制作了一个长达 7 米的望远镜。之后的望远镜加了第三块透镜，长度也在不断增加，最长的达到了 42 米。在那之后，要制作更长的望远镜筒已经完全不可能了，于是物镜被单独安装在了较高的建筑物上。

放大率不是万能的

建造更大的望远镜是为了看到更多的东西，既可以了解已知事物的更多细节，也可以揭示未曾发现的新事物。不过，尽管放大率已经超过了 100 倍，但这些望远镜并不能真的让你看到物体放大 100 倍后的样子。即使在今天，一些廉价望远镜也会把放大率作为卖点，但如果你真的买了，你会非常失望，因为放大率不是万能的。要是你拿着质量一般的百倍放大率望远镜去观测木星，只能看到一个没有任何细节的斑点，这样的观测意义不大。但假如你能看到星云的旋涡，或是著名的大红斑，那你真的是捕获到了新的细节，而实现这一点有赖于分辨能力

下图　这是通过地球上一台强大的望远镜观测到的木星和它 4 颗最大的卫星的图像。这台望远镜的分辨率足以让我们看清木星上非常独特的橙色环状带。持续观察约一个小时就能清楚地辨识出卫星的轨道运动。为了纪念伽利略，这 4 颗卫星被称为"伽利略卫星"

的提高。如果用一台望远镜看到的只是一个光点，而用另外一台则可以发现那其实是两颗挨得非常近的恒星，那后者的分辨能力更强。我们能够取得新的进展，达到像甚大望远镜这样的观测水平，分辨率是其中非常重要的一个因素。

包括甚大望远镜在内的大部分现代望远镜都不使用任何透镜，这主要归功于伟大的艾萨克·牛顿的一个发现。对色彩的研究让牛顿明白了为什么当时望远镜透镜的表现不尽如人意。在他最著名的光学实验中，牛顿展示了白色的太阳光经过玻璃棱镜时，是如何分解成彩虹般不同颜色的。他意识到，当恒星发出的白光经过望远镜的透镜时也会发生相同的状况，即星光也会分解成不同的颜色，每一种颜色的焦点都有所不同，从而没有办法在同一点对不同的颜色聚焦。所以你在望远镜里看到的不是一个白点，而是一个被彩色条纹包围的白色小圆圈。尽管用不同的镜片和不同形状的透镜可以让颜色的失真（即色差）没那么严重，牛顿却想出了一个完全不一样又非常巧妙的解决方法。

按照牛顿的想法，如果光穿过玻璃会有问题，那就干脆不

右页图　当太阳落山时，甚大望远镜的保护罩会缓缓打开，就像一枝在夜间盛放的巨大花朵，静待星光的降临

资料档案　|　甚大望远镜的镜面

甚大望远镜的主镜面非常了不起，口径达 8.2 米，厚度却只有 0.17 米，并且它们不是由坚硬的玻璃片打磨而成的，而是可弯曲的，可以在望远镜内部改变形状。每块镜面重约 22 吨，这些庞然大物是在德国使用一种叫作零膨胀微晶玻璃的材料制成的。为了让镜面在凝固过程中不发生变形，模具会一直保持旋转，直到温度降到 800℃。如果冷却太快，镜面可能会受压，因此需要 3 个月的冷却时间。然后镜面会被运到法国的光学仪器厂接受打磨，以达到超过百万分之一米的精度。最后再运到帕瑞纳，在覆面工厂覆上铝制镜面（上图）。随着时间的推移，反射面会逐步退化，所以镜面每年都需要拿下来重新覆面。

甚大望远镜

欧洲南方天文台（European Southern Observatory，ESO）建造的甚大望远镜包括 4 台独立的光学望远镜（即主镜单元望远镜），按照 L 形排列。4 块 8.2 米口径的主反射镜是世界上最大最好的单片望远镜镜面。每一台望远镜都配备了一系列的仪器可以观测从近紫外到中红外波长的电磁波。甚大望远镜运用了多种观测和照相技术，其中包括高分辨率的光谱技术和成像技术。

也无怪乎甚大望远镜取得了很多开创性的观测成就。首先是 2004 年 4 月拍摄了第一张"系外行星"（太阳系外的一颗行星）的照片。此前系外行星都是间接探测到的（见第 4 章）。甚大望远镜同时也引领着关于宇宙终极命运的研究活动。通过寻找遥远的超新星，用这些在宇宙边界爆发的恒星作为参照点，甚大望远镜就可以测算出宇宙膨胀的

这是甚大望远镜的地下生态小屋，里面种满了各种热带植物。150 名工作人员可以在这里游泳、休憩

甚大望远镜镜面的保护罩内部，白天采用制冷设备，使温度降到日落时的预估温度，这样在夜间观测时可很快使镜面周围与外界温度达到一致，以保持良好的视宁度（望远镜显示图像的清晰度）

甚大望远镜由 4 台相同的主镜单元望远镜组成，并且非常缺乏创意地按照 1 到 4 编了号。不过它们也有来自智利当地马普切语的名字：

- 1 号：Antu，发音类似 "an-too"，含义为太阳；
- 2 号：Kueyen，发音类似 "qua-yen"，含义为月亮；
- 3 号：Melipal，发音类似 "me-li-pal"，含义为南十字星；
- 4 号：Yepun，发音类似 "ye-poon"，含义为天狼星。

4 台望远镜都装配了一套独特的仪器，它们不仅能各自独立运作，也可以从 4 个不同的视角同时观测一个目标[7]。

每一台望远镜都重约 500 吨，但是可以快速"转向"任何一片天空

速度了。

甚大望远镜另外不同寻常的一点是望远镜的使用方式，它的使用效率非常高，仿佛是一座天文学工厂。世界各地的研究人员都可以在网上申请观测天体，计算机会根据当晚的条件，即天文学家所称的"视宁度"，推荐最适合观察的天体。这意味着很多天文学家可以在自己的办公桌前工作，第二天就能得到他们想要的观测结果。

当然，甚大望远镜能取得众多成就主要得益于它的地理位置，因为有些最重要的目标只有在南半球才能观测到。目前，银河系的中心是一个很受关注的研究对象。由于那里恒星聚集，又受到气体和尘埃的遮蔽，特别不利于观测。但甚大望远镜足够强大，可以借助红外光进行透视。甚大望远镜在发现银河系中心的超大质量黑洞上也发挥了关键性作用。

甚大望远镜在观测的时候会用恒星（用作引导星）来锁定自己的指向，这样可以补偿因为地球自转而带来的运动，就像图中显示的"星轨"一般。山上除了甚大望远镜，还有 4 台小型辅助望远镜，其中两台可以在图中看到。

要让它穿过玻璃了。他发现曲面镜也有透镜那样的聚光作用，于是他便发明了反射式望远镜。这是一项重大突破：如果你把反射式望远镜里的镜面直径增加到原来的两倍，分辨率也会提高一倍。这样一来，聚集的光量不是两倍，而是四倍了，所以你就能看到只有以前四分之一亮度的光源。正是甚大望远镜里巨大的镜面让它能够观测到非常遥远的宇宙。

甚大望远镜

　　甚大望远镜所在的阿塔卡马沙漠是地球上最干燥的地方，也正是因为这里不宜居住，所以成了安置这台精密望远镜的绝佳地点。如果你想观测天空，需要一个不受遮挡的视野，对于选址来说有两点很重要：一是要有一定的高度，二是附近不能有灯火通明的街道或城镇。除此之外，这里还有一个优势，就是沙漠上方洁净如洗的天空。这主要得益于沿着智利海岸流动的秘鲁寒流,它能降低太平洋的水温,并使云层滞留在海岸附近。

　　每天的日落时分，甚大望远镜的天文学家都会从控制室里走出来，欣赏太阳沉入地平线时美妙的天空。4 台大型望远镜的保护罩将依次打开，让望远镜对准各自在当夜的第一个观测目标。当有人喊"地影"的时候，人们就会转过去看地球在粉色天空投下的蓝色弧形身影，这是刚刚没入地平线的太阳照在地球身上形成的。(你可以在第 61 页左下角的图片中看到地影) 这个时候，你就能明白，为什么甚大望远镜会被认为是世界上最好的天文望远镜了。

大气层太厚了

　　到现在为止，我们得到的印象就是望远镜越大越好。但透过大气层进行观测，对目前地球上所有的望远镜来说都是一种挑战。空气中各种成分之间都存在一定温差，它们就像一个个小小的透镜。这样一来，不仅观察效果出现了混乱，而且很难精确聚焦恒星发出的光，也因此观测到的天体多少都有点变形。移到荒漠中的山顶当然会好一点，但是望远镜越大，大气层的影响也就越明显。

所以有一段时期，人们认为地球上望远镜的发展已经达到了极限，于是纷纷把注意力转向了空间望远镜。1990年发射的哈勃空间望远镜开启了探索宇宙的新纪元。太空中的观测视野通透清晰，所以哈勃空间望远镜的表现超过了地面上那些比它大得多的"家伙们"。

但地面望远镜也不甘示弱，它们通过修正大气湍流造成的图像扭曲开始了绝地反击。这种修正手段极具创意，毕竟图像扭曲的具体情形是会随着大气层的变化而改变的，但总之，这一问题通过运用可变形镜面的自适应光学矫正技术解决了。

这样的自适应光学技术将来肯定会成为所有大型望远镜的标配，但在现阶段，它还只是作为一种辅助技术。目前的做法是除主镜面外，再配置一小块自适应光学的辅助镜面，它可以迅速调整形状以补偿大气湍流对图像造成的扭曲。如果要快速

资料档案 ｜ 自适应光学

自适应光学系统首先检测大气湍流造成的波前扭曲情况，然后把一块可变形镜面按相反方向弯曲，以矫正这种扭曲。恒星发出的光到达望远镜时理应呈现出平直的波前，但大气湍流使光线发生了扭曲，导致波前像是一张褶皱的纸。天文学家会选一颗明亮的恒星作为引导星，并分析它进入望远镜的光线。主镜面前方的检波器会探测出实际波前扭曲的形状。这些信息会被输入到可变形镜面后的促动器，将其调整成波前形状的"镜像"，以此修复波前的扭曲。为了能产生预期的效果，修复的频率高达1000次每秒。图中右边的是夏威夷的凯克天文台利用自适应光学技术拍摄的土星的卫星土卫六（又称为泰坦星）的图像。左边是未使用自适应光学技术矫正的土卫六的图像。

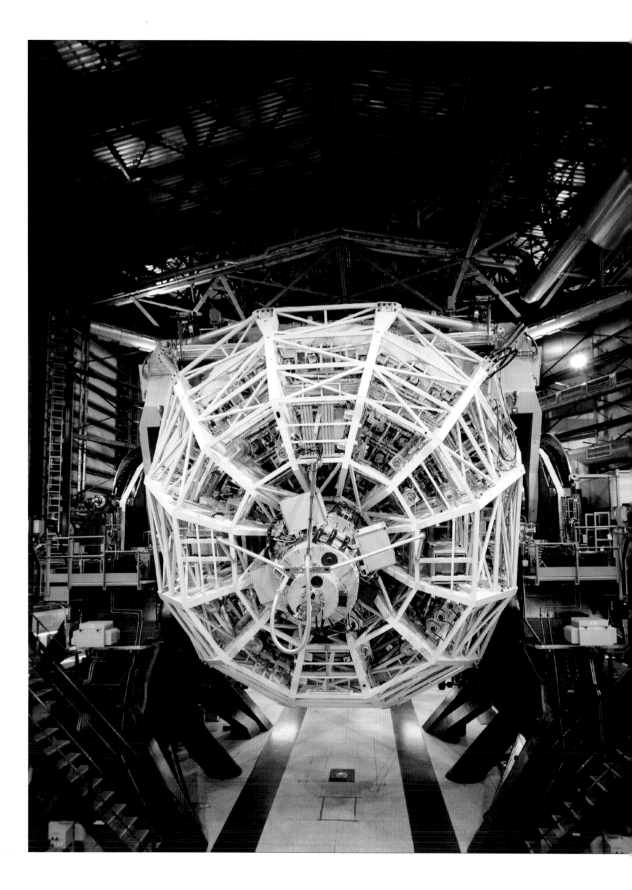

改变甚大望远镜 8.2 米口径的主镜面的形状，那是不现实的。主镜面的变形速度要慢得多，差不多只能达到每秒调整一次，用以纠正因望远镜系统内部的重力形变等因素造成的图像扭曲，比如当望远镜倾斜的时候。因镜面会主动调整形状，这项技术被称为主动光学技术。

在我们到达帕瑞纳的那天晚上，天文学家们正在"造星"。要使用自适应光学技术，你需要一颗清晰明亮的恒星的波前作为参考，但满足要求的恒星并不多。在所有可能的观测对象中，只有其中的 1%～2% 可以找到一颗离得足够近又满足条件的恒星。这里说的足够近是指，作为参考的恒星和被观测天体可以同时通过望远镜观察到。相应的解决方案就是人工制造出一颗引导星，而甚大望远镜利用亮黄色的激光束来制造激光引导星。足够幸运的话，激光束会在约 90 千米高度的地球大气层中遇到一层富含钠原子的陨星尘。这些钠原子受到激光照射后，能够发出波长为 589 纳米的钠黄光。

这束黄光很窄，用肉眼只能勉强看到，但是在照片中却很明显。这样，望远镜就能在最恰当的地方拥有一颗永恒的引导星了。

资料档案 | 甚大望远镜辅镜

甚大望远镜还有 4 台可以在轨道上移动的小型辅助望远镜。使用它们有一个小技巧，那就是成对地使用可以达到大型望远镜的效果。比如两个相距 100 米的小望远镜，分辨率可以与单台 100 米口径的望远镜相媲美，而口径这么大的镜面目前还是造不出来的。成对的望远镜接收到的光会在一套光学系统中加以整合。然而，若想获取像单个大型镜面呈现的那种完整图像，这样还不行，因为缺乏足够的数据。不过，观测数据体现出的规律和被观测物体的大小是相关的。所以，对于那些在普通望远镜中只是一个光点的恒星，我们第一次可以测量它们的大小和形状了。

哈勃的麻烦

　　甚大望远镜是有史以来最大、构造最复杂的望远镜之一。但最受大众欢迎的却是只有它三分之一大小的哈勃空间望远镜。哈勃空间望远镜的建造耗资高达数十亿美元，发射升空后不久却发现存在瑕疵，这一度还成为笑柄。修补瑕疵的过程异常艰难，一波三折，可能这才是这台望远镜名声大噪的原因。它的名字来自美国的天文学家埃德温·哈勃。我们在第 1 章已经知道，哈勃用一台几乎同样大的胡克望远镜，找到了宇宙正在膨胀的证据。

左图　拍摄恒星的照片可是个技术活。但是阿塔卡马沙漠的天空实在太美了，亚当忍不住地连续按下相机的快门。这是他拍摄的甚大望远镜的激光引导星图像，你还能看到银河和一个麦哲伦云

右图 哈勃空间望远镜于
1990 年发射升空。按照今天
的标准来看，2.4 米口径的镜
面实在是不值一提，但它和加
利福尼亚威尔逊山天文台上的
胡克望远镜差不多大，而胡克
望远镜在 1948 年以前一直都
是世界上最大的望远镜

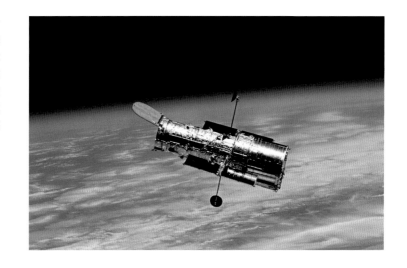

　　哈勃空间望远镜是美国天文学家梦寐以求了 30 年的成果。1962 年，美国国家科学院（National Academy of Science of USA）最先提议建造这样一台空间望远镜，但直到 1977 年才正式获批。1981 年，望远镜的镜面制造完工。1985 年，运载望远镜的航天器准备就绪，并打算于 1986 年发射升空。可是当年挑战者号航天飞机发射升空后不久就爆炸了，导致哈勃空间望远镜的发射计划暂停。早已建造完工的望远镜一直等到 4 年之后才最终进入太空。

　　本来，哈勃空间望远镜宣称其分辨率是当时地球上任何望远镜的 10 倍，但当它于 1990 年进入轨道之后，美国航天局发现了一个自 9 年前建造完成后一直未被检测到的可怕问题：镜面的形状有细微的偏差，导致其无法达到最佳的聚焦状态。这对于一向以检查到位而闻名的美国航天局来说似乎令人难以置信。最后发现，问题就出在检测的机器上面。这的确是一个重大的打击，美国航天局随即制定了解决方案。哈勃在漫长的服役期间接受过多次的维修。1993 年实施的第一次维护任务为其加装了一块透镜以修正它的视野。在那之后不久，哈勃就不断传回有史以来最令人震撼的宇宙图像。

哈勃空间望远镜

哈勃空间望远镜自 1990 年发射升空以来，已被证明是有史以来最优秀的科学仪器之一。它的照相机、摄谱仪和导航系统共同协作，为我们带来了来自宇宙疆域的壮观图像。2009 年，亚特兰蒂斯号航天飞机对它实施了最后一次太空维护任务。

1. 科学计算机：控制所有的科学仪器

2. 主镜面：口径 2.4 米，需要维持恒温以防止变形

3. 精细引导星感测器（FGS）：锁定引导星，让哈勃空间望远镜对准正确的方向。精细引导星感测器对于长时间曝光非常重要，比如为期 10 天的哈勃深场曝光

4. 空间望远镜光轴补偿校正光学（COSTAR）：于1993 年安装，用以修正主镜面的缺陷

5. 空间望远镜影像摄谱仪（STIS）：把光分解成不同颜色后进行分析，有助于确定黑洞位置。于 2004 年停止运作

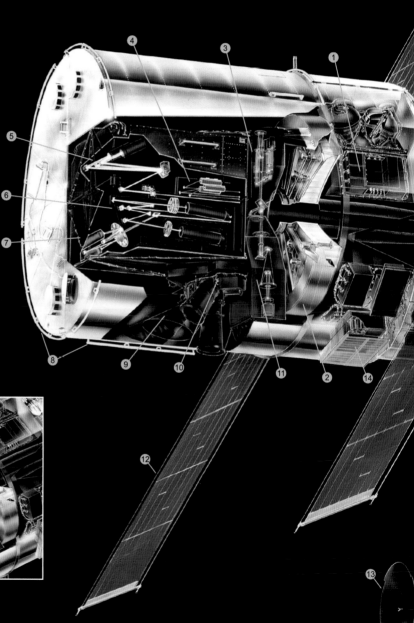

近距离观察主镜面和科学仪器

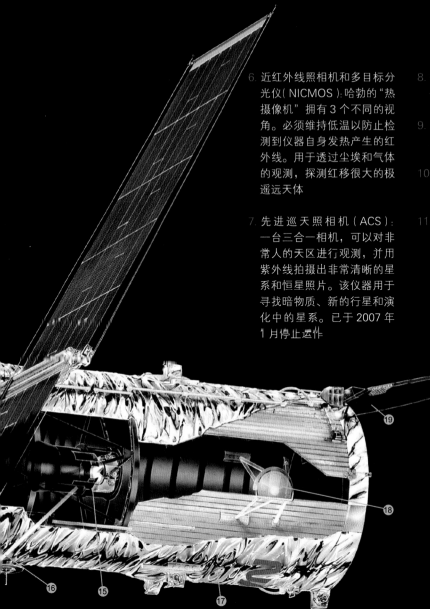

6. 近红外线照相机和多目标分光仪（NICMOS）:哈勃的"热摄像机"拥有3个不同的视角。必须维持低温以防止检测到仪器自身发热产生的红外线。用于透过尘埃和气体的观测，探测红移很大的极遥远天体

7. 先进巡天照相机（ACS）：一台三合一相机，可以对非常人的天区进行观测，并用紫外线拍摄出非常清晰的星系和恒星照片。该仪器用于寻找暗物质、新的行星和演化中的星系。已于2007年1月停止运作

8. 扶手：供宇航员进行维护任务时使用

9. 跟星仪：可以定位并追踪明亮恒星的探测器

10. 陀螺仪：感知哈勃空间望远镜在太空中的方位变化情况

11. 广域和行星照相机：在1993年实施的第一次维护任务中，第一代广域和行星照相机(WFPC)被第二代广域和行星照相机(WFPC2)所替换。很多著名的哈勃照片都是由WFPC2拍摄的。它的40个过滤器可以挑选出特定的波长，比如发光的氢元素的波长。在2009年5月实施的第5次，也是最后一次维护任务中，WFPC2又被第三代广域照相机（WFC3）取代

12. 太阳能电池板：哈勃空间望远镜主要的能量来源。它们收集太阳能并储存在电池中

13. 通信天线：保持地球与哈勃空间望远镜之间的联系。信号通过美国航天局的跟踪与数据中继卫星系统转播

14. 电池：在哈勃空间望远镜处于地球阴影中时，由6块镍氢电池为其提供能源。这些电池通过太阳能电池板充电

15. 副镜：口径0.3米

16. 磁力矩棒：大型的棒状电磁铁，与地球磁场相互作用产生磁控力矩，帮助控制哈勃的运动

17. 绝缘层：由数层镀铝的聚酰亚胺薄膜和最外层的聚四氟乙烯构成，帮助哈勃维持热稳定性

18. 航天飞机支撑架：航天飞机货舱停靠在哈勃空间望远镜时的支撑点

19. 望远镜孔盖：只有在需要保护望远镜的时候才闭合

拉尔斯·林贝尔·克里斯藤森（Lars Lindberg Christensen）是一名图像处理专家。许多让哈勃空间望远镜声名大噪的照片都是经他加工的

这张叫作"创生之柱"的照片是哈勃最声名显赫的一幅作品。这是鹰状星云的一部分，鹰状星云是一个巨大的恒星诞生区域

如何拍出一张杰出的照片

自然色：这张草帽星系的照片使用了人眼能分辨的颜色，但我们可能需要凑近点观察

哈勃空间望远镜最有名的照片都是它的广域和行星照相机拍出来的，可这台照相机事实上只能拍出黑白的画面。要让这些黑白照片呈现出绚丽的色彩，需要把曝光过程中的 3 张照片依次通过红色、绿色和蓝色的滤镜。可供使用的滤镜共有 40 余种，所以可以捕捉到特定的颜色或是特殊波长的颜色。这样处理过的照片会传输至地球，经过专业人士的进一步加工，把它们变成美妙的图像：

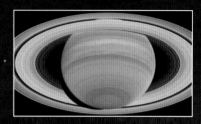

假彩色：能帮助我们看到那些本来不可见的部分。这是用红外光观察到的土星和土星环

- 先将黑白图像按照人类的视觉特点加以调整。为了能够捕获尽可能多的科学数据，照相机所能感应的色调范围要比人眼大很多，所以要把超出人眼感应范围的色调加以压缩，使得最终画面中呈现出的细节都是人眼可见的。

- 之后再给图像上色。颜色与拍摄时使用的滤镜颜色一致。

- 然后把 3 张照片相叠加。这一步有时候需要手动调整，因为在曝光过程中哈勃空间望远镜的位置可能发生了变化。

- 最后对图像进行进一步的调整，让它"看上去不错"。这就需要发挥艺术创造力了，总之要让最后的成品既能展示所有重要的细节，又具有非常震撼的视觉效果。

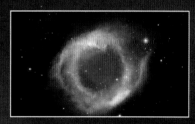

增强色：把某一天体中特定的可见光的颜色进行强化，使得其组成和结构的微小细节变得更加明显

资料档案 | 哈勃和它的合作伙伴

尽管哈勃空间望远镜可以捕捉到紫外光和红外光，它还是不能拍摄所有波段的光。其他望远镜可以观测到 X 射线和远红外光，却不能观测到哈勃可以看到的可见光。所以有时候要把哈勃和其他空间望远镜加以结合才能得到完美的图像。像上面这张 M82 星系的照片就是把可见光部分的图像，斯皮策空间望远镜拍摄的红外光图像和钱德拉 X 射线天文台拍摄的 X 射线图像相结合的结果。这样的合成图片能展示出 M82 星系活动的更多细节，而 M82 星系里恒星形成的速率是银河系的 10 倍。

自第一次维护任务以来，哈勃空间望远镜完成的工作不可胜数，其中最大的贡献可能就是它在太空中服役这个事实本身。正是因为它兢兢业业地驻守在轨道上，我们才能随时用它来检验最新的想法，并且记录下一个个天文事件。

那些美妙的照片，有些是探索宇宙运作方式的产物，尤其是来自那些从层层气体和尘埃中孕育出恒星的地方。当"创生之柱"（见第 66 页）于 1995 年首次公布的时候，立刻就成了新闻的头版头条。这张鹰状星云的照片为什么能激发大家的想象力呢？对于科学家而言，哈勃空间望远镜以其实际行动证明了他们一直以来的一个猜想，那就是初生的恒星会通过一种被称为"光致蒸发"（photoevaporation）的过程从周围的云体中浮现出来。所谓的光致蒸发就是原始行星盘或行星大气层中的气体，由于受到附近恒星的光照加热和辐射发生逃逸的过程。"创生之柱"向我们展示了一个壮观而充满活力的宇宙，哪怕在最晴朗的夜空，人们都无法看到这一景象。哈勃确实给了我们观察宇宙的新视角。

对我们俩[8]来说，最震撼的可能不是照片本身，而是它们带来的深远影响。1995 年 12 月 18 日到 28 日的 10 天里，哈勃对着看似空无一物的太空拍了一系列曝光 15 到 40 分钟不等的照片。拍摄的视角有意选得非常狭小，以避免拍进任何可见的天体。最后的照片却显示，那片深空并不是真的空空如也，狭小的拍摄视野里，每一处都有一个星系。有些是典型的螺旋星系和椭圆星系，也有一些星系的形状是人们从未见过的。照片中总共有大约 1500 个星系，每一个都可能包含 1000 亿颗恒星。而天空的任何一个角落都可能是同样的情况。可能正是这些照片才让我们真正地感受到宇宙的浩渺无垠。哈勃后来又执行了一项大任务，它在 2004 年用最新安装的先进巡天照相机进行了"超深场"观测。在观测到的 10 000 个星系中，有一些是迄今

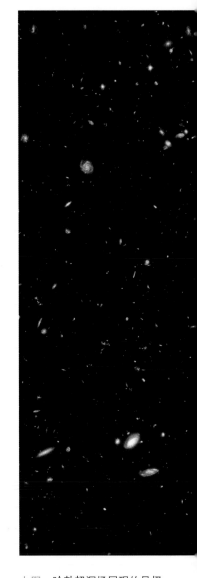

上图 哈勃超深场展现的是极早期宇宙充满了成千上万星系的迷人场景

BBC 宇宙入门

为止发现的最早期的星系,可能在大爆炸之后 4 亿年就形成了。在曝光长达一百万秒的超深场观测中,哈勃捕捉到的光早在地球形成前 90 亿年就已经开始它们的星际之旅了。

光的秘密

1608 年,汉斯·李普希在为他的望远镜申请专利时,把它形容为"让远方事物看上去近在眼前"的一种仪器。对于最早的望远镜来说,这意味着人们可以通过它看到远处肉眼无法看到的微小物体。但人们不仅想要观察宇宙,还想理解它的运作原理,这种愿望让我们想出了观测遥远事物的崭新方式。而这一切都缘起于牛顿的光学实验。在那次实验中,牛顿发现白色的太阳光其实是由彩虹里各种颜色的光混合而成的,而且可以通过玻璃棱镜加以分解。这项实验揭示了光的惊人本质。当然,你也可以把这理解成揭示了太阳的秘密。

牛顿没有想到的是,他的两大成就——反射式望远镜的发明,以及发现棱镜可以把光分解成不同颜色——最终会结合在一起,让我们了解到不仅是太阳内部,还有行星、气体云、远方的恒星和星系的奥秘。另外,望远镜和棱镜的结合甚至还会向我们揭示,宇宙正在膨胀(见第 18 页)。

尽管得到了太阳光谱,但一直要等到先进光学技术的出现,我们才得以了解光谱背后隐藏的秘密。出人意料的是,在太阳光谱中竟然发现了暗线。1802 年,这些暗线首先被英国化学家威廉·海德·沃拉斯顿(William Hyde Wollaston)发现。12 年后,对沃拉斯顿的发现毫不知情的德国科学家约瑟夫·冯·夫琅禾费(Joseph von Fraunhofer)也发现了这些暗线,并对此进行了深入的研究。他并不知道这些暗线是什么,但还是把它们全都标记了出来。他在太阳光谱中总共发现了 570 条暗线,还把其中最明显的几条按照从 A 到 K 的顺序进行了编号,比较相似的

1666 年初,我得到一块玻璃三棱镜,并立刻用它进行了著名的色散试验。

——艾萨克·牛顿

则用数字加以区分，比如 D1、D2 等。但这些暗线究竟是什么呢？通过它们我们又能知道太阳的哪些奥秘呢？

最终搞懂这些暗线的是德国科学家罗伯特·本生（Robert Bunsen）。他在化学界可是鼎鼎有名的人物，正是他改进了学校实验室常用的煤气灯[9]。本生习惯用煤气灯加热物质，然后透过棱镜观察火光。当然他不是第一个这么做的人。事实证明，如果在火焰里加一点钠，火焰就会呈现出非常独特的橙黄色。如果做意大利面时不小心煮溢，含盐的汤汁溅到煤气火苗上，你就能看到这种钠燃烧的颜色。含钠蒸气的路灯发出的光也是这种颜色。而通过棱镜观察，钠光是由两条看起来很相似的黄色条纹构成的。本生向火焰中加入其他元素后，都会产生一条或多条彩色条纹，对应关系清楚又准确，这些条纹就好像是元素的"光谱指纹"一样。用这种方法就可以识别出各种各样神秘的物质了。

上图　下落的雨滴可以产生与玻璃棱镜完全一样的效果，把太阳光分解为"彩虹"光谱

除此之外，还有两个重要的结论。如果仔细检查太阳光谱，你会发现颜色与颜色之间并不是逐渐过渡的。放大到一定程度就可以看到光谱其实是一道道条纹组成的。光谱中最亮的两道条纹是 D1 和 D2，它们的位置和钠燃烧时火光颜色在光谱的位置一模一样。这里得到的第一个结论就是，太阳光谱中出现黄色条纹是因为钠元素在太阳中燃烧，事实上，整个光谱都可以用在太阳中燃烧的化学物质来解释。这是发生在 1.5 亿千米之外的化学反应。本生点燃其他化学元素，把它们产生的火焰光谱与太阳光谱中的暗线进行比较。他发现铁元素对应编号为 E2 的暗线，钠元素对应 D 暗线，钙元素对应 H 和 K 暗线。由此得出的第二个结论就是，太阳光谱上有暗线是因为光被太阳大气层的化学元素吸收了。每一种元素都对应着一组特定的吸收

线,因此可以将这些吸收线作为"光谱指纹"来识别不同的元素。

天文学家在知道了如何利用光来探究太阳的物理和化学性质之后,就可以用同样的方法探究所有在望远镜中看到的天体了。一开始只是在目镜前放一个棱镜,后来出现了摄谱仪,可以专门分析从某一颗恒星发出的光。现在所有的大型天文台,包括哈勃空间望远镜和甚大望远镜,都装配有摄谱仪。

不过,利用光谱对数十亿千米之外的化学反应进行分析只是一个开始。光谱还是测量宇宙运动情况的关键手段,并最终证明了宇宙是在膨胀的(见第1章)。近些年,光谱还被用来寻找遥远恒星周围的行星,这也是现在非常热门的天文学研究领域之一(见第4章)。

看不见的射线

差不多在沃拉斯顿注意到光谱上的暗线的时候,德裔英国籍天文学家威廉·赫歇尔(William Herschel)发现了光谱上的其他秘密。赫歇尔对于太阳散发的热量充满了疑问:这些热量是从哪儿来的?如果是光携带了这些热量,那么又是哪种颜色的光携带的呢?赫歇尔把一个棱镜放在耀眼的阳光下,在棱镜

资料档案 | 夫琅禾费谱线

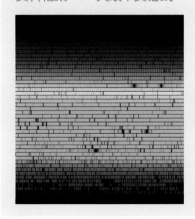

左图是一张高分辨率的太阳光谱图,制作方法是先把光分解为彩虹色,在图中自上而下排列,然后再把分解后的光通过另一个棱镜,将进一步分解后的颜色在图中从左到右排列。例如,彩虹中原有的红色部分被进一步分解成图中从左到右的各种红色。现在人们已经知道,夫琅禾费谱线是太阳或地球大气层中的化学元素吸收了特定波长的光而产生的吸收线。当遥远恒星发出的光穿过绕其旋转的行星的大气层到达地球时,人们利用这种夫琅禾费谱线就可以分析出行星大气层中所含有的化学元素了。

°C
42
40
38
36
34
32
30
28
26
24
22

左图　这是一张用中红外(热)光拍摄的照片。红外辐射的波长比可见光长。红外线的英文 infrared 意思是"在红色以下",而红色是可见光中波长最长的颜色。天文观测时,用红外光可以穿透太空中诸如星云之类的尘埃密布的区域

后的光谱区域放上温度计,来测量各种颜色光的温度。然后他去休息了一会,等他回来的时候,因为太阳的位置发生了移动,温度计已经不在光谱的范围内了,而是在红光一侧的外面。这时他注意到一个奇怪的现象,温度计显示的温度比刚才在光谱中显示的温度要高得多。他由此得出结论,太阳的热量是由一种肉眼不可见的光携带的。他给这种光取名为"发热射线",不过从 19 世纪晚期开始,人们都改称它为"红外线"。

　　"发热射线"被发现仅一年之后,赫歇尔在光谱的另一端也有了偶然的发现。光谱中紫色光一侧的外面有一种容易让感

资料档案　|　电磁波

　　天体可以放射出整条电磁光谱上的各种辐射,从无线电波到可见光,再到伽马射线。每种天体都

可见光

伽马射线　　　X 射线　　　紫外线　　　　红外线　　　微波　无线电波

有自己的辐射波段。比如非常炽热或者活动非常剧烈的天体会放射出高能的伽马射线和 X 射线。而温度较低的天体则是放出可见光中波长较长的辐射。检测辐射要用到一系列不同的设备。有一些波长的辐射因为无法穿透地球的大气层,所以只有空间望远镜能检测到。

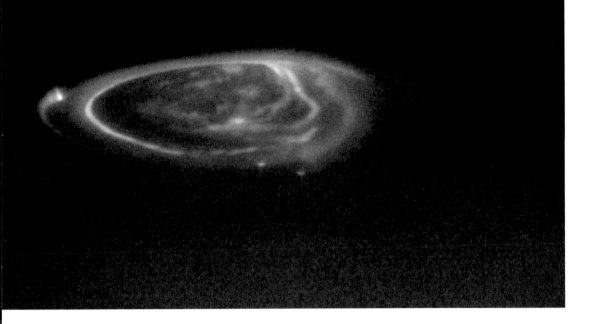

上图 这是哈勃空间望远镜用紫外线拍摄的木星北极点附近的极光。紫外线的波长比可见光短，其英文 ultraviolet 意为"超越紫色"，紫色是可见光中波长最短的颜色

光纸变暗的射线，这就是紫外线。红外线和紫外线最终开启了天文学的新时代，改变了我们观测行星、恒星和星系的方式。人眼经过进化，更适合晴空丽日的环境，而红外线和紫外线的发现则使得天文学研究突破了人眼敏感度的限制。

2009 年，航天飞机最后一次到访哈勃空间望远镜，其主要任务是给它装上最新的对紫外线和红外线都更敏感的照相机。未来，主要使用红外线进行观测的詹姆斯·韦伯空间望远镜（James Webb Space Telescope）将会接替哈勃空间望远镜。在漆黑的夜晚，透过望远镜看到无数个肉眼看不到的天体当然是一种非常震撼人心的体验，但我们应该知道，哪怕用上望远镜，人眼所能看到的也只是宇宙中很小的一部分。

最古老的光线

离法国南部戛纳海滩的不远处，有一家工厂负责组装世界上最灵敏的照相机。这台照相机的任务是，拍摄它所能看见的最遥远的天体。欧洲的普朗克卫星是世界上第三个想要记录下宇宙中最古老光线的航天器。美国的宇宙背景探测器（COBE）在 20 世纪 90 年代对这种探测进行了首次尝试，其背后团队还由此获得了 2006 年度的诺贝尔物理学奖。寻找最古老的光是天文学家一直梦寐以求的目标。普朗克卫星就是想率先捕获这些光线，通过它们包含的丰富信息揭示宇宙起源的奥秘：一个炽热致密的奇点在大爆炸后如何演化为如今布满星系的宇宙。

我们通常不会意识到，我们从 5 米外的镜子里看到的其实是 3 纳秒前的自己，而看到的距离地球 1.5 亿千米之外的太阳其实是它 8 分钟前的样子。光到达我们的眼睛是需要时间的，我们距离所见之物越远，看到的就是它越久之前的样子。有点出人意料的是，当我们向宇宙的边缘眺望时，看到的却不是宇宙最大的样子，反而是最小的样子。来自宇宙边缘的光线在大爆炸之后不久就开始了它的旅程。要是我们一直回溯，可以看到大爆炸时的场景那自然是再好不过了，可惜这是完全不可能的，因为宇宙诞生之初还没有光。

目前接受度最高的解释宇宙起源和演化的理论是宇宙"热爆炸理论"（见第 22 页）。该理论认为，大爆炸发生后，宇宙立即像气球一样开始膨胀。那时候温度很高，所有粒子都挤作一团：原子核外流动着的电子、原子核中的质子，以及作为电磁辐射载体的光子。这些粒子互相作用，使得宇宙看上去黑漆漆一片，因为光没有办法穿透，而且光子也被束缚着，无法自由发散。随着宇宙不断膨胀，温度也逐渐降低，这和冰箱通过气体膨胀使食物保持低温的道理一样。当温度降低到 3 000 开尔文[10]的时候，宇宙终于被点亮了：电子和质子结合形成了氢原子，同时释放能量，光子则成为一束束的光线。这是在宇宙还只有 38 万岁的时候发生的事情。因为现在的宇宙还在膨胀当中，所以光线也跟着被拉长——波长变得越来越长。如果可以捕获这些最古老的光，它们应该是以微波的形式存在的，也即常说的宇宙微波背景（cosmic microwave background）。

此后，宇宙就一直在冷却，背景温度也从 3 000 开尔文降

上图　普朗克卫星是迄今为止灵敏度最高的微波照相机，其搭载的探测器必须保持在 −273 ℃（只比绝对零度高 0.1 ℃左右）的环境下，甚至比太空深处的温度还要低。这是因为如果温度稍高一点，那它就只能捕捉到自己发出的电磁波了。所以普朗克卫星内部基本上就是一个套一个的冰箱。卫星上的望远镜由两块镜片组成，它们会将捕获到的微波聚焦到探测器上

BBC 宇宙入门

到了 3 开尔文，已经非常接近绝对零度了。20 世纪 60 年代，人们偶然发现了宇宙中最古老的光线，而且不出所料的是，这些光线似乎来自天空的各个方向。这项发现非常重要，此前大爆炸一直停留在理论阶段，这是第一次有了确凿的证据。不过人们不久就意识到，宇宙微波背景包含的信息也许能告诉我们宇宙是怎么形成的。问题在于，星系是怎么形成的。当然，星系形成肯定是因为某一时刻宇宙中的物质开始聚集在一起，可是这一切究竟是以什么形式，又是什么时候开始的呢？

　　这些也正是普朗克卫星想要搞清楚的。和之前的宇宙背景探测器及威尔金森微波各向异性探测器（WMAP）一样，普朗克卫星寻找的也是宇宙微波背景中的微小变化。宇宙背景探测器和威尔金森微波各向异性探测器都探测到了"宇宙的涟漪"，这表明，宇宙在 38 万岁的时候依然存在一些不规则的结构。普朗克卫星这次要更进一步，希望从这些涟漪中获得更多的信息，帮助我们理解宇宙是如何从一团粒子演化成今天这个样子的。我们无法确定通过普朗克卫星究竟能看到多远，因为它采集的光线大约是 137 亿年前形成的。如果宇宙是静止不变的，那你可以说这些光线传播了 137 亿光年的距离。可因为宇宙一直是在膨胀的，通过计算这个距离可能会有 460 亿光年。

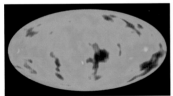
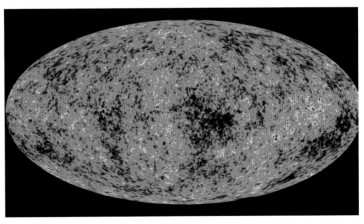

这些是宇宙大爆炸后最早期的光线展现出的"涟漪"。上图是宇宙背景探测器在 1995 年拍摄的，右图则是威尔金森微波各向异性探测器在 2003 年拍摄的清晰度更高的版本

目前讲到的所有观测宇宙的方式都依赖那些会发光的物质，最终观测到的形式可能是无线电波、红外线、紫外线或者X射线，但前提是观测目标得发光。然而最近几年却发现，宇宙中大约95%的成分是不发光的（也不吸收光和反射光）。人们把这些神秘的成分称为暗物质和暗能量，我们看不见它们，甚至都没法探测到它们（见第32页）。黑洞会捕获光，所以也是看不到的。不过聪明的科学家们现在也开始建造巨大的探测器，希望能探测到暗物质和暗能量的存在，毕竟这些探测器可以检测到引力。

宇宙的声音

牛顿虽然告诉了我们引力的作用，却没有解释它究竟是什么。最令人困惑的一点还是他的理论暗示着引力是可以即时产生效果的，比如要是出现第二个太阳，按照牛顿的理论，地球会立刻感受到新太阳的引力。爱因斯坦并不认可这种相隔一定距离还能瞬时发挥作用的观点，他认为引力只是一种时空几何效应。在他的构想中，大型的天体会在空间中形成一个"坑"，其他物体可能会掉入其中。虽然这个"坑"和原来的天体位置一致，但是它却可以延伸到整个宇宙，所以哪怕是相距很远的恒星也会对地球产生吸引力。他还预测，如果新出现了一个大型的天体，或者原有的天体发生了移动，就会搅动时空产生涟漪，并以光速在宇宙中传播。不过他也说了，等这种涟漪，也就是所谓的引力波到达地球时，可能会弱到无法被检测到。不过人们并不把这种论断当作是对失败的预言，反而把它当成了一种挑战。

欧洲引力天文台（European Gravitational Observatory, EGO）位于意大利比萨附近。在选址上，它和光学望远镜截然相反：引力天文台建在平原而不是山上，当地常常是多云天气，而且

就好像一直以来你只能用眼睛观察宇宙，现在突然可以用耳朵聆听它了。

——乔瓦尼·洛苏尔多（Giovanni Losurdo）

下图 意大利比萨附近的平原上，两根长长的管道装着室女座干涉仪的两条机械臂

附近还有一个小镇。其实这座天文台对位置的实际需求是一整块 3 平方千米的平地，因为室女座干涉仪（又称室女座引力波探测器）非常庞大。探测引力波的原理很简单，当引力波穿过地球的时候会轻微地改变一切物体的长度。想象有一个足球场，当引力波经过时，先是一边被拉伸，整个球场会变短、变宽；然后是另一边被拉伸，整个球场会变长、变窄，之后才恢复如初。所以室女座干涉仪有两条互相垂直的机械臂，它们的长度变化由灵敏的设备进行测量。这听上去似乎很简单，但实际操作起来要复杂得多。爱因斯坦的预测几乎是正确的，只是两条……干木机的机械臂预计能产生的形变只有氢原子核直径的千分之一，小到几乎无法测量。

引力波

室女座干涉仪的机械臂两端都装有镜子，激光照射后，通过把镜子反射回来的激光信号进行整合，就可以检测出任何长度的变化。但噪声是个大问题，噪声引起的震动远比引力波容易探测到。现在，工作人员正在努力提高设备的灵敏度，并排除噪声的干扰。

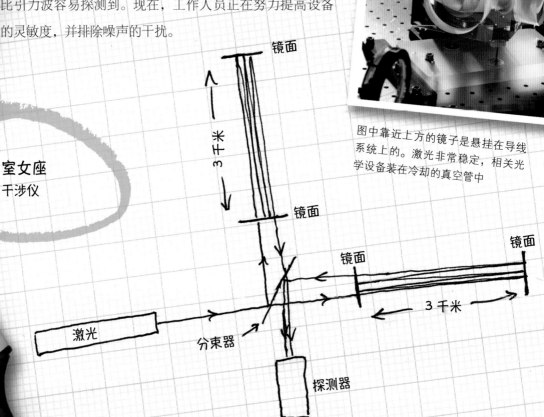

图中靠近上方的镜子是悬挂在导线系统上的。激光非常稳定，相关光学设备装在冷却的真空管中

室女座
干涉仪

镜面

3千米

镜面

镜面

镜面

3千米

激光

分束器

探测器

天文学家们原来利用光学技术没有办法探索的事件和时间，因为引力波探测器的存在而有了新的机会。比如可以知道黑洞内部发生了什么，或是恒星深处的活动情况。引力波甚至还能帮我们深入了解早期星系和恒星还没有发光前的宇宙"黑暗时代"。正如美国激光干涉引力波天文台（LIGO）的基普·索恩（Kip Thorne）教授说的："这太棒了……我们会以全新的视角观测宇宙，理解时空的基本法则。"截至 2019 年 5 月 21 日，全球已探测到 23 例引力波事件，其中最遥远的来自约 160 亿光年以外，而最近的距离也有约 1 亿光年。

在我们的引力波探测器中，黑色的塑料网代表地球的表面，上面的两个测量设备——这里是两个成直角排列的卷尺，

当引力波经过的时候，地球上的所有物体都会发生扭曲：先被挤压再被拉伸。这个过程中卷尺的长度会发生改变。

在我们的探测器中，卷尺会发生几厘米的形变，而室女座干涉仪测量臂的长度变化只有氢原子核直径的千分之一！

火星科学实验室

遥感设备及天线

碟形天线

分析仪器

热交换器

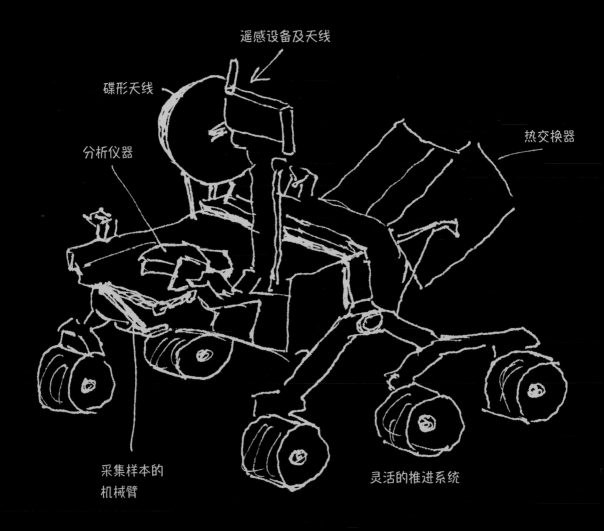

采集样本的
机械臂

灵活的推进系统

第 3 章

太空探索

　　"我认为，这个国家应该致力于在这个十年结束之前实现人类登月并安全返回地球的目标。在这期间，没有任何一个空间项目会比这个目标给人类留下更深刻的印象，或对太空的长期探索有更重要的意义，也没有任何一项任务会如此艰巨和昂贵。"这是美国第 35 任总统约翰·F. 肯尼迪（John F. Kennedy）于 1961 年 5 月 25 日在国会发表国情咨文时所说的话。这样的宣言既大胆又激动人心，当然在有些人眼里，也显得很愚蠢。但这样的宣言到底是成真了：1969 年，美国宇航员成功在月球表面行走并安全返回了地球。7 月 20 日，当尼尔·阿姆斯特朗（Neil Armstrong）踏上月球表面时，他用稍显低沉的声音说道："这是我个人的一小步，却是人类的一大步。"

　　肯尼迪说得没错，这的确是人类航天史上最激动人心的事件。航天任务数以百计，但让人们彻夜不眠守着电视的，只有这一次。当时亚当生活在加拿大，直到现在他还记得模糊的黑白电视画面里巴兹·奥尔德林（Buzz Aldrin）欢快跳跃的场景。

罗伯特·戈达德

罗伯特·哈金斯·戈达德（Robert Hutchings Goddard）出生于 1882 年。1910 年前后，他在克拉克大学开始进行火箭实验，但他很难筹措到资金，因为没人知道火箭会有什么用处。好在史密森尼学会（Smithsonian Institution）及时出现，并资助了他的项目。该学会还发表了他于 1919 年完成的著作《到达超高空的方法》（A Method of Reaching Extreme Altitudes）。申请获得相关专利的两年后，他于 1926 年 3 月 16 日发射了世界上第一枚液体燃料火箭。他一生共获得 200 多项专利，但是当他提出将火箭发射到月球的可能性时，却遭到了媒体的嘲讽。戈达德于 1945 年逝世。

登月的前提是要有动力强劲的火箭，在这方面，美国很幸运。虽然中国人在数百年前就发明了火箭，但现代火箭科学的先锋却是来自美国马萨诸塞州伍斯特的罗伯特·戈达德。

戈达德为世人所铭记，不仅是因为他在缺少支持的情况下成功造出了火箭，还因为他开创了一系列的新技术，比如液体燃料泵、稳定装置、转向系统等。

他用数学方法证明了火箭引擎在太空的真空环境下也能工作，不需要空气来推动。这其实用牛顿第三运动定律就能解释：作用力与反作用力大小相等，方向相反。虽然听起来有些像天方夜谭，但是戈达德亲自验证了他的理论。

1933 年，由克利特（P. E. Cleator）创立的英国星际学会（British Interplanetary Society）至今仍是世界上最老牌的完全致力于航天和太空旅行的学会。该学会于 20 世纪 30 年代晚期发表了人类登月的详尽计划，并在 1978 年撰写了一份关于星际飞行的可行性报告，还创办了杂志《太空飞行》（Spaceflight）。

同一时期，德国的火箭爱好者们于 1927 年成立"太空旅行协会"，德国军方也在 1931 年启动了火箭研究项目。德国这方面的带头人物是赫尔曼·奥伯特（Hermann Oberth）。1930 年，

下图 二战后，美国从德国运回大批 V-2 火箭，并在新墨西哥州的白沙导弹试验场进行了试验。苏联方面也截获了一定数量的 V-2 火箭

在他开展的火箭燃料测试中，有一名 18 岁的学生助手，名叫沃纳·冯·布劳恩（Wernher von Braun）。

20 世纪 30 年代晚期，世界大战的阴影不断逼近，所有民用火箭的研究都中止了。沃纳·冯·布劳恩在波罗的海沿岸佩讷明德（Peenemünde）的陆军大型火箭试验基地担任技术部主任。在这里，冯·布劳恩利用戈达德公开发表的材料，研发出了希特勒的第二号复仇利器——"复仇使者 2 号"（Vergeltungswaffe-2），简称 V-2 火箭。（第一代复仇使者 V-1 导弹臭名昭著，又被叫作"嗡嗡炸弹"，是战争中最早使用的一种制导导弹。）

V-2 火箭是一项了不起的成就。它高 15 米，重 12 吨，速度可达 5 600 千米 / 时，并可搭载 1 吨烈性炸药对 800 千米以外的目标发起有效打击。从 1944 年 9 月开始，在接下来的 6 个月时间里，发射 V-2 火箭成了纳粹宣泄愤怒的方式。这些火箭

沃纳·冯·布劳恩

沃纳·马格努斯·马克西米利安·冯·布劳恩男爵（Wernher Magnus Maximilian Freiherr von Braun），1912 年出生于韦尔希茨（Wirsitz，现波兰境内）。他的父亲是德国魏玛共和国时期的高级政要，母亲则有欧洲皇室血统。冯·布劳恩对太空的热情起源于母亲送他的一架望远镜，H. G. 威尔斯（H. G. Wells）和儒勒·凡尔纳（Jules Verne）的科幻作品，以及赫尔曼·奥伯特的一本有关火箭科学的严肃读物让他的这份热情愈发高涨。12 岁的冯·布劳恩因为把烟花装在玩具车上遭到警察的责罚。二战期间，他为纳粹研发了 V-2 火箭。1945 年，冯·布劳恩投降美国，并成为美国航天局空间项目的设计师。1972 年，他从美国航天局退休并于 1977 年逝世。

都是在米特尔维克（Mittelwerk）集中营制造的。尤其令人震惊的是，虽然 V-2 火箭轰炸伦敦时造成 7 000 人死亡，但在德国，更多的人却在火箭建造过程中丧生。

1945 年，当苏联的军队离佩诺明德只有 160 千米的时候，冯·布劳恩成功地使自己及团队多数成员撤离到美军前线，并在那里投降。正因如此，美国才获得了冯·布劳恩研发的大部分技术，包括一大批 V-2 火箭和零部件。

美国本可以在火箭科学领域轻松取得领先地位，但当时的政府对此缺乏兴趣，也就没能充分利用他们的优势。冯·布劳恩尽管造出了一些火箭，但是当时的高层并没有给予相应的鼓励。到 1957 年 10 月 4 日，当得知一个令人震惊的消息时，美国政府的态度才发生了转变。那一天，苏联发射了第一颗人造卫星：斯普特尼克 1 号（Sputnik 1）。亚当那时还在读书，他还记得老师要求学生写一首关于斯普特尼克 1 号的诗。

当时的美国政府惊恐不已，苏联既然能把卫星送上轨道，那他们的火箭肯定更加强劲，也就有能力把大批核弹投放到美国的领土上，而美国却没有任何反击的能力。当时媒体的报道也让美国政府非常揪心：太空竞赛，苏联拔得头筹，美国被甩

我们早就知道苏联要发射卫星了！我们的架子上就有各种零部件。天哪，就放手让我们做吧。我们在 60 天内就能把卫星送上天……只要批准我们这么干就行！

——沃纳·冯·布劳恩

图8 儒勒·凡尔纳的《从地球到月球》是最早的科幻小说之一。有意思的是，书中的故事和美国航天局的阿波罗登月计划有诸多相似之处，比如都有航天器从佛罗里达州发射升空和坠落大海这样的情节

在身后。

这些都迫使美国立刻采取行动。1958 年 7 月 29 日，美国航天局成立。当意气风发、雄心勃勃的肯尼迪就任总统后，他知道美国必须要加快脚步了。这也是为什么他要发表那个激动人心的登月宣言。

科幻小说

太空飞行是科幻作品经久不衰的主题，最早兴起于杂志中的故事，此后在 19 世纪的书中经常出现。1865 年，儒勒·凡尔纳写下了《从地球到月球》(From the Earth to the Moon)；1898 年，H. G. 威尔斯完成了《世界大战》(The War of the Worlds)；1926 年，雨果·根斯巴克 (Hugo Gernsback) 开始出版第一本科幻杂志——《惊奇故事》(Amazing Stories)。再后来，在亚瑟·C. 克拉克 (Arthur C. Clarke)、道格拉斯·亚当斯 (Douglas Adams)、罗伯特·海莱因 (Robert Heinlein) 等人的作品中，一直有宇宙飞船在太空中穿梭的情景。

除此之外，还有各种广播节目——比如亚当上学时听的《太空之旅》(Journey into Space)，以《星际迷航》(Star Trek) 为代表的电视剧，电影中比较有名的包括《2001：太空漫游》(2001: A Space Odyssey) 和《星球大战》(Star Wars) 系列。这些作品又催生出更多的影视作品、游戏和漫画等。

太空飞行在科幻作品里如此受欢迎，说明这种题材对人们非常有吸引力。至少有些人希望能够飞离地球在太空中遨游——这一点还真有几个人做到了。

梦想成真

1961 年 4 月，苏联宇航员尤里·加加林 (Yuri Gagarin) 绕地球飞行了一周，成为进入太空的第一人。这不仅让他成为全

左图　尤里·加加林被固定在东方 1 号（Vostok 1）载人飞船的舱内等待倒计时。1961年 4 月 12 日，东方 1 号把他送上了地球轨道

右页图　1969 年 7 月 16 日，土星 5 号运载火箭搭载执行首次载人登月任务的阿波罗 11号宇宙飞船发射升空。阿波罗 11 号飞船由 3 部分组成：位于火箭顶端、逃逸塔下面的圆锥体是指挥舱，指挥舱下方灰色的圆柱体是服务舱，登月舱则在服务舱下方呈喇叭状的白色整流罩里

世界的英雄，也表明苏联在太空竞赛中又拿下一局。1961 年 5月 5 日，美国的首次载人航天飞行就没有那么出彩了。美国的太空第一人是宇航员艾伦·谢泼德（Alan Shepard），由于当时他被面前的一块钢板固定在座位上，并不能真的控制宇宙飞船。其次，那只是短短 15 分钟的亚轨道太空飞行，之后才有了轨道飞行。此外，因为发射延误了好几个小时，他忍不住想要上厕所。尽管地面控制中心担心，如果谢泼德弄湿宇航服的话，接触到皮肤的电极可能会发生短路，但当着全世界观众的面把他从发射舱里弄出来又有一个漫长的过程，而且太丢面子，所以就对他说："就在里面解决吧。"谢泼德照做了。因为他像胎儿一样仰面躺在舱体中，尿液一直流到了他的腰部。到达太空时，他完全是躺在自己的尿液中的。

　　在经历糟糕的开局之后，后面的情况就好多了。水星计划（Project Mercury）每次只能将一名宇航员送入太空，这个数量在之后的双子座计划（Project Gemini）中变成了两名。而等到肯尼迪发表了那篇演讲之后，便有了探索月球的阿波罗计划。阿波罗 8 号实现了绕月飞行，阿波罗 11 号更是把阿姆斯特朗、

资料档案

土星 5 号运载火箭

发射次数：1967—1973 年，共 13 次，无失败记录

高度：111 米

直径：10 米

重量：3 000 吨

有效载荷（近地轨道）：100 吨

分级：

第一级：3 400 万牛顿推力，推进时长 150 秒，升至 60 千米高空，时速 8 500 千米。

第二级：500 万牛顿推力，推进时长 6 分钟，升至 185 千米高空，时速 25 000 千米。

第三级：100 万牛顿推力，推进 2 分钟后到达近地轨道，5 分钟后达到第二宇宙速度。

燃料：在第一级使用煤油和液氧，在第二和第三级使用液氢和液氧。

逃逸速度

多级火箭的构想最早来自戈达德。为了摆脱地球引力束缚，火箭的速度必须达到 40 320 千米 / 时以上，或是 11.2 千米 / 秒以上。这意味着需要巨大的加速度，所以引擎必须非常强劲。计算表明，即便使用最高效的发动机和最强大的燃料，也不可能让单级火箭及必要的燃料获得足够的加速度来达到逃逸速度。

问题是，大部分燃料消耗完后，巨大的空油箱就完全没有用处了，它只会增加重量，减慢速度。所以真正需要的是一个大型的第一级火箭，它将整个火箭送到 65 千米的高空，并在燃料耗尽之前达到 8 000 千米 / 时的速度，之后第一级火箭与主体分离，主体部分重量减少。然后，第二级火箭开始运作，继续加速把火箭送到 200 千米的高空，同时达到 25 000 千米 / 时的速度后脱离主体。这样第三级火箭就能达到逃逸速度了。

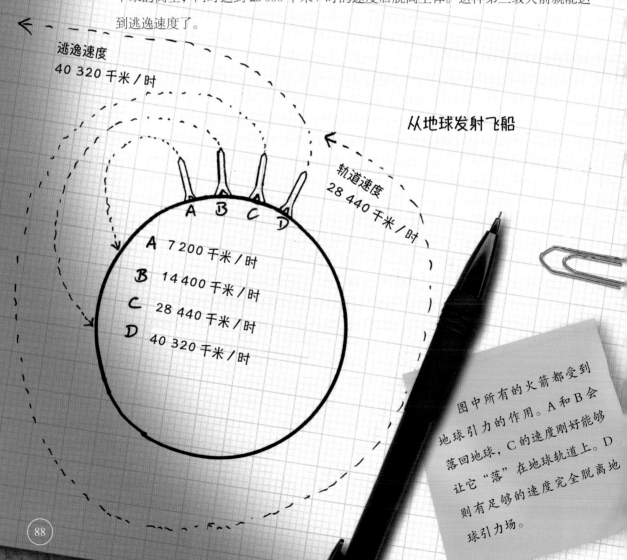

逃逸速度
40 320 千米 / 时

从地球发射飞船

轨道速度
28 440 千米 / 时

A 7 200 千米 / 时
B 14 400 千米 / 时
C 28 440 千米 / 时
D 40 320 千米 / 时

图中所有的火箭都受到地球引力的作用。A 和 B 会落回地球，C 的速度刚好能够让它"落"在地球轨道上。D 则有足够的速度完全脱离地球引力场。

土星 5 号——将宇航员送上月球的火箭。火箭第一级高 42 米，携带 2 000 吨煤油和液氧，在 2.5 分钟内燃烧完毕。

第二级在大约 62 千米的高空启动，进一步把航天器推升到 185 千米的高空，使其达到接近轨道速度。

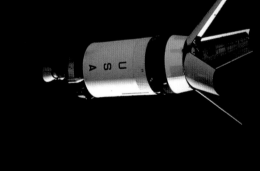

释放了登月舱后的第三级火箭。至此，所有燃料箱已全部脱离。

图中是土星 5 号使用的
巨型发动机

奥尔德林等一行人直接送上了月球。

当然，这期间也出过事故。1967 年 1 月，阿波罗的太空舱在地面起火，3 名宇航员牺牲。1970 年 4 月，阿波罗 13 号在飞往月球途中由于一个氧气罐发生严重泄漏而爆炸。不过好在控制中心及时应对，设法让宇航员们在绕月一周后安全返回了地球。

但总体来说，阿波罗计划还是非常成功的，它让美国在太空竞赛中重新回到了领先地位。更重要的是，这一计划推动了技术的发展，使之极大地突破了原有的限制，并向人们展示出，只要有决心和足够的资金投入，人类可以实现了不起的壮举。

阿波罗计划的成功离不开土星 5 号运载火箭，它和伦敦的圣保罗大教堂一样高。这是人类迄今为止所造的最大和推力最强的火箭，也是沃纳·冯·布劳恩的登峰造极之作，他也由此实现了为太空探索施展抱负的毕生心愿。

上图　事故发生后，阿波罗 13 号的指挥舱被安全地送到了硫磺岛号航空母舰的甲板上。对宇航员们来说，爆炸发生在去程还算是幸运的，因为这时候他们还有足够的物资和电力来应对紧急情况

太空电梯

火箭非常昂贵，而且本身也很危险，火箭携带的大量燃料意味着它们都是一颗颗潜在的炸弹。原则上，至少还有另一种进入太空的方式——太空电梯。波兰裔俄国火箭科学家康斯坦丁·齐奥尔科夫斯基（Konstantin Tsiolkovsky）、苏联工程师尤里·阿图塔诺夫（Yuri Artsutanov）以及美国物理学家杰罗姆·皮尔森（Jerome Pearson）分别于 1895 年、1960 年和 1975 年提出了一些相关的构想。此后，英国科幻作家亚瑟·C. 克拉克在 1978 年发表的小说《天堂的喷泉》（*Fountains of Paradise*）中对太空电梯进行了详细的描述，内容如下：

在位于赤道上的一座高达 50 米的塔上，有一根电缆伸向太空，它的另一端与一个质量巨大的物体（可能是小行星）相连，

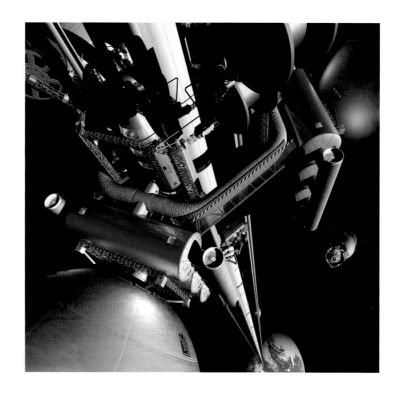

从而使整体的重心可以落在地球表面上方 36 000 千米的地球静止轨道上。这样在实际运作时，电缆会跟着地球自转。升降舱，或者叫电梯，可以经由电缆直接进入太空。电梯的动力通过电磁感应产生，原理与磁悬浮列车类似，不需要滚轮或其他辅助移动的机械装置，电梯也能够以极高的速度运行，也许可以达到数千千米每小时。太空电梯的优势在于它简单易行且成本低廉：一旦投入运行，每千克有效载荷的运输成本只是传统火箭的数千分之一。连大规模的太空旅游都有可能实现——搭乘一次太空电梯进入轨道的费用不会比一张去伊维萨岛（Ibiza）的机票贵。

　　由于当时没有足够结实的材料来制作电缆，这些情节只可能出现在科幻小说中。不过，现在科学家们已经能够制造出碳纳米管了，这种材料不仅非常轻，而且强度是钢的 100 倍。此外，也出现了定期讨论建造太空电梯的研讨会。有人曾问亚瑟·C.克拉克爵士，太空电梯什么时候会变成现实。他回答说：
"大概等大家都不把它当玩笑看待后的50年吧。"

在轨飞行

　　人们有时会很好奇，航天器是如何停留在地球轨道上而不掉下来的。亚当喜欢想象自己手拿一堆板球站在高山上。如果他从头部高度扔下一颗，那它会在不到半秒的时间内落到地面。如果他向水平方向扔一颗，球下落的加速度还是一样的，但在水平方向会移动一段距离，并落得更远，因为地面比他所站的山顶低。亚当越用力扔球，球就飞得越远，要是他的力气足够大，球还会环绕地球一周之后击中他的后脑勺。垂直方向的下落是一直进行的，但因为水平方向速度太快，它的运动轨迹曲率会不断接近地球的曲率，最终会在固定的高度上一直飞行。

　　这种情况在地球表面是不可能发生的，因为空气阻力会让球减速。但如果球是从300千米高的地方开始飞，那里没有大气层，刚才的场景就完全有可能出现。这也是卫星和其他航天器能在轨道上停留的原因。假设你在绳子末端系一个重物，然后拿着绳子的另一端让它在你头顶旋转。为了不让重物飞出去，你就必须拉紧绳子。地球的引力就相当于这条绳子，能使航天器保持在地球轨道上，也能让月球绕地球运行。太阳的引力则可以让所有的行星在绕日轨道上公转。

资料档案　|　地球静止轨道

　　卫星绕行地球一周的时间各不相同。在离地面300千米的近地轨道上，运行周期大约为90分钟，但对于轨道高度更高的卫星来说，运行周期会更长。在36 000千米的高度时，卫星绕行地球一周正好是24小时。而地球静止轨道上的物体绕地球轨道运行正好需要24小时，它相对于赤道上一点的位置是固定不变的，也就等于是"静止"了。电视卫星就是位于地球静止轨道上的，这样天线就可以一直对着一个方向。

　　　　　　　　　　　BBC 宇宙入门

阿波罗计划大大增加了我们对月球的了解。该计划把月球岩石带回地球进行了分析，在阿波罗 17 号执行的最后一次任务中，还有地质学家杰克·施密特（Jack Schmitt）随行，他也成了第一个进入太空的科学家。但实际上，阿波罗计划更重要的目的是宣传。正如肯尼迪所说："在这一时期，没有任何一个太空项目会给人类留下如此深刻的印象……"当时，立博博彩公司以 1 万比 1 的赔率赌肯尼迪的宣言不会成真。

登月计划中，共有 27 名宇航员离开了地球轨道，但之后再也没有人去过那么远的地方，人类所有其他的太空飞行都局限在环绕地球的轨道上。1973 年，土星 5 号火箭将太空实验室（Skylab）送入了轨道。但太空实验室只是一座小型的空间站，工作人员只在其中停留一到两个月。1975 年，美国和苏联合作完成了"阿波罗 – 联盟测试计划"（Apollo-Soyuz Test Project，ASTP）。该计划中，双方团队成员一起工作了几天，实现了两个独立航天器的对接。苏联于 1971 年发射了首个空间站计划的第一座礼炮号空间站（Salyut Space Station）——礼炮 1 号；礼炮 7 号是该计划的最后一座，在轨道上运行了 9 年，于 1991 年坠毁。礼炮号空间站与和平号空间站（Mir Space Station，1986

国际空间站

国际空间站的建造工作始于 1998 年，到 2010 年基本建成并转入全面使用阶段。来自不同国家的宇航员会轮番入驻，保证其永久驻人。该项目得到了美国、俄罗斯、日本、加拿大、欧洲、巴西和意大利等国家和地区航天机构的支持。早期的宇航员都是来自美国和俄罗斯，但到目前为止，已有 14 个国家的宇航员访问了空间站，也有来自世界各地的游客，甚至在这里还举办过太空婚礼和高尔夫球比赛。

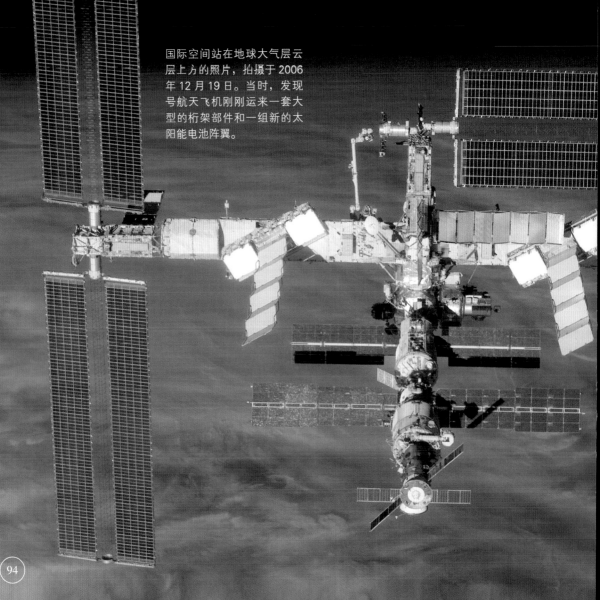

国际空间站在地球大气层云层上方的照片，拍摄于 2006 年 12 月 19 日。当时，发现号航天飞机刚刚运来一套大型的桁架部件和一组新的太阳能电池阵翼。

国际空间站在地球上空大约 350 千米的轨道上运行，轨道周期为 92 分钟，运行速度为 2.8 万千米 / 时或 7.8 千米 / 秒。它长 73 米，宽 109 米，重约 420 吨，内部空间与波音 747 一样大。往返国际空间站的航天器为俄罗斯联盟号和进步号宇宙飞船以及美国的航天飞机。

2003 年 2 月 1 日，哥伦比亚号航天飞机发生空难，该事件导致国际空间站的建设进程严重推迟。当时，哥伦比亚号在完成了为期 16 天的科学任务后，重返大气层时爆炸解体，7 名宇航员全部遇难。航天飞机项目也因此中断了两年半。

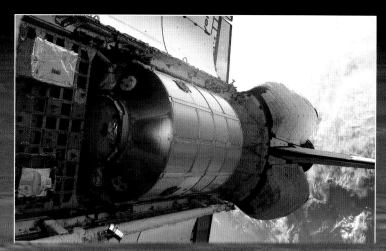

2001 年，莱昂纳多多用途后勤模块（Leonardo Multi-Purpose Logistics Module）由发现号航天飞机从地球运抵空间站。国际空间站建成后，基本结构就是桁架和连接在桁架上的通信加压模块。目前，国际空间站由 4 个主要模块组成

2007 年的一次航天飞机任务将欧洲的哥伦布号实验舱带到国际空间站。这是亚当与该实验舱的一个复制品的合影

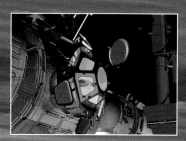

2010 年，国际空间站安装了一个"太空窗"，即穹顶舱。从这里可以欣赏到壮观的地球景色

年升空，2001 年坠毁）共接待了 137 名宇航员。到了 2000 年，
国际空间站（International Space Station）终于迎来了首批宇航员。

航天飞机

　　航天飞机由土星 5 号火箭演变而来，其大部分组件都是可
以回收再利用的。航天飞机与国际空间站对接的部分，即轨道
飞行器（orbiter），是航天飞机的主体，也是宇航员起居、工作
的地方。每次太空任务结束后，轨道飞行器都会滑翔回到地球，
在一条长长的跑道上着陆。

　　航天飞机的另一个组成部分，两个固体火箭助推器，提供
了起飞所需推力的 80%。每个助推器都携带近 500 吨燃料，是

左页图 两个正在燃烧的固体火箭助推器（SRB）把亚特兰蒂斯号航天飞机从发射台上推向天空。美国前后一共建造了5架航天飞机，后来只剩下3架。有翼的航天飞机采用垂直发射的方式，通常搭载5至7名宇航员

下图 宇航员戴维·斯科特在月球上为数百万的电视观众演示锤子和羽毛实验

由铝粉和作为氧化剂的高氯酸铵混合而成的。助推器为升空的前两分钟提供动力，然后在45千米的高度上与轨道飞行器分离，借助降落伞降落到大西洋，经过回收后可重复利用。在发射过程中，航天飞机的第三个组成部分：锈色的外挂燃料箱向3台主发动机提供约230万升的燃料（液态氢和液态氧），燃烧8.5分钟后在113千米的高度被丢弃，此时轨道飞行器的轨道速度为27 000千米/时或7.5千米/秒。

太空科学

宇航员在太空站做什么？他们把一部分时间花在生活上——睡觉、做饭、吃饭、锻炼——剩下的大部分时间都在工作：维护、修理仪器，做生理健康检测，进行科学实验等。

其中一些科学实验是为了验证某一理论。比如，阿波罗15号任务结束时，戴维·斯科特（David Scott）站在月球上同时扔下了一把锤子和一根羽毛。在地球上，由于空气的阻力，羽毛会慢慢落下。但在没有大气的月球上，它们一起坠落，同时撞上了月球表面。这表明，只要物体坠落时不受空气阻力的影响，重量就不会影响物体的坠落速度。伽利略在1590年就表达过这一观点，亚当也曾从比萨斜塔上扔下不同大小的西红柿来验证这种观点。美国航天局开展过覆盖面非常广的生命科学研究项目，该项目中宇航员会研究各种内容，既包括失重对自己身体的影响，也包括动植物在太空中的生长情况。对于植物和小型动物，科学家们希望至少通过观察完整的两代，来追踪它们的生长发育情况，观察微重力或零重力环境对它们的生长会造成怎样的影响。实验表明，这对无脊椎动物似乎并没有影响，所以接下来的实验对象就是小型哺乳动物和鱼类了。

有待回答的问题还有很多：失重对内耳传感器和大脑会有什么影响？小动物肌肉萎缩及骨质流失的程度和人类一样

国际空间站上的这位科学家正在监测零重力环境下植物的生长情况。太空中也开展了一些蛋白质晶体的生长实验。科学家们希望在不受重力影响的环境下，可以更好地理解蛋白质的结构。当细胞处于失重状态时，组织培养过程也可能会出现变化。从太空观测地球则有望在全球变暖、荒漠化等方面提供有用信息。

吗？零重力状态下植物能正常生长吗？植物的哪些部分对重力敏感？能种植足够的食用植物作为宇航员的食物来源吗？阿波罗－联盟测试计划、天空实验室和之后的空间站都让规划者不得不面对在短期和长期太空飞行中会遇到的问题和挑战。首先是发射升空过程中由于加速造成的超重状态，好在事实证明如果宇航员的身体可以得到固定并有良好的支撑，超重就不是一个大问题。

失重

失重，也可以称为零重力。在地球轨道上，宇航员并不是真正的失重，重力也不为零。实际上，航天器一直在向地球坠落，它的内部也不例外。因为下落加速度是一样的，宇航员和航天器的"地板"之间不会产生任何相互作用。这就好像你在蹦床上弹跳时，跳离蹦床的所有时间里处于自由落体或失重状态。想象一下，当你在跳离蹦床的期间想把水从一个容器（最好是塑料的）倒进另一个容器时，你会发现这相当困难。这就是通常所说的失重或零重力，也就是宇航员体验到的感觉。

在零重力环境中，物体如果不被固定住就会飘浮起来。你不能正常地在"地板"上行走，而必须要用上尼龙搭扣或磁性靴子之类的东西。你也不能把东西放在桌子上或者架子上，而必须将它们固定住。失重常常导致宇航病，这种病和晕船一样，

都是因为大脑接收到的有关上下方位的信号产生了冲突。当耳朵中的半规管在重力作用下工作时（相当缓慢），你的眼睛可以告诉你水平方位在哪里，从而区分哪个方向是向上，哪个是向下。零重力状态下，耳朵完全没有适应过来，就连眼睛也往往分不清水平方位在哪里，由此带来的生理反应便是恶心。许多宇航员都经历过严重的宇航病，不过幸运的是相关症状似乎两三天就过去了。此外，长时间缺乏锻炼会造成肌肉萎缩，所以空间站配备了健身脚踏车、振动健身器等器材。不过这些器材都是经过改造的，可以把宇航员固定在上面。

处于零重力状态下一段时间后，人体内的血液量也会减少。在太空中，宇航员不会有太多不适的感觉。但是当宇航员返回地球后，加上肌肉萎缩和重力恢复，人会感到非常不适。在飞

往火星的长途旅行中，这可能会造成一些麻烦，因为宇航员在抵达火星的时候需要保持高度警觉和健康的体魄。另外，在太空中，由于四肢支撑身体重量的工作量大幅减少，身体会认为骨骼不需要那么健壮，因此骨骼中的钙也会大量流失，流失速率可能高达每月 1%。如果长时间在太空停留的话，就会带来非常严重的问题。

医疗紧急事故

当宇航员执行任务的时间越来越长，生病、受伤或只是牙痛的可能性都会越来越大。因此，大多数任务都会有一名能够处理此类紧急情况的医生随行，并且所有宇航员都必须接受急救以及各种技能的培训，以便随时接手任何失去正常行动能力的同伴的工作。不过还有另外一个棘手的问题，如果有人死在太空中该怎么办？接下来几个星期也不能一直把尸体留在大家身边，那他们会把同伴直接"埋葬"在太空中吗？

太空辐射

离地球越远，辐射带来的危险就越大。在地球表面，大气中的臭氧可以阻挡大部分来自太阳的紫外线，地球磁场也能阻挡大部分有害的宇宙射线。但到了环绕地球的轨道上，尽管紫外线还是无法穿透太空船，但是其他辐射带来的风险却增大了。

上图 空间站中的宇航员必须坚持每天锻炼几小时，以避免肌肉萎缩和骨质流失

如果宇航员登上火星，紫外线辐射可能是一个更严重的问题，因为火星没有臭氧层，其表面从早到晚都完全暴露在紫外线的辐射下。宇航服必须能阻挡紫外线，否则宇航员会被严重烧伤。

宇宙射线的危害比紫外线更大，最好用含有大量氢原子的材料来隔绝。神奇的是，最简单的聚合物之一——聚乙烯，在这方面的表现十分卓越。航天器周围 30 厘米厚的聚乙烯墙能吸收 30% 的辐射。但还是有很多射线会进入到舱体中，为了最大限度地减少其危害，其中一种方法是让宇航员补充大量的维生素 C 和其他富含抗氧化剂的食物，这些食物能够清除身体内因辐射产生的有害离子和自由基。

太空食物

食品和饮料需要特殊处理。零重力状态下，食物不会稳当地呆在盘子里，饮料也不能放在杯子里来喝。较早的时期，所有东西都是用铝管装的。1961 年，苏联宇航员戈尔曼·季托夫（Gherman Titov）的餐点是一管蔬菜泥、一管肝酱和一管黑加仑汁。现在的食物，不管是俄式的罐装食品，还是美式的脱水食品，都要美味多了，而且品种也很丰富。宇航员们进餐时会

右图　以前没人会把汉堡包和失重联系在一起。图中，一顿晚餐从国际空间站上一位宇航员的手中飘了出去

使用磁化的刀、叉和勺子，这样就可以将它们吸附在桌子上，或者放在固定于膝盖的托盘上。

食物本身是装在罐头或小包装里的，兑上水后会产生一定的黏性，可以黏附在勺子或叉子上。饮料装在塑料挤瓶里，可以直接对嘴喝。宇航员们必须要非常小心，不能撒出任何东西，不然飘浮在太空舱内的碎屑和液滴会造成很多麻烦：它们会堵塞仪器和空气过滤器，也可能会进入宇航员的眼睛。出于某些原因，宇航员在太空中通常吃得很少，回到地球后体重会减轻 5% 左右。在某些情况下，这会对宇航员的身体健康产生不良的影响，所以那些看上去明显消瘦的宇航员会被鼓励多多进食。你自己也可以买点太空食物尝尝。有几家公司推出了宇航员吃的同款食品，并宣传说这是野营旅行的理想选择。

零重力厕所

从艾伦·谢泼德第一次进入太空开始，如厕就一直是个问题。早期的宇航员们是穿纸尿裤的（美国航天局委婉地称之为"亲密接触装置"），但如果飞行时间超过几个小时，这些纸尿裤就不够用了。天空实验室安装了一套新的废物管理系统——废物收集器（WCS），它用一块很朴素的帘幕为使用者做遮挡。

WCS 由一个高约 80 厘米、宽约 30 厘米的圆筒组成，长得有点像老式的旋转烘干机。圆筒的前部像真空吸尘器那样会仲出一根软管作为男女通用的尿液收集装置，软管末端装有一个三角形的橡胶收集口。但男女的排尿方式有别，所以这个收集口谁用着都不舒服。另外，由于 WCS 的真空吸尿性能做得不是很好，收集口在上一个人用完后总是有点湿湿的。

想上大号的时候就把裤子脱下来坐在圆筒的顶部，脚踩在筒外侧的脚镫上，然后在大腿上套一双弹力约束带。要记住，你现在是失重的，你应该不会想在方便过程中飘起来吧。完成

下图 这款零重力厕所样机和 WCS 类似。使用气流将排泄物吸入一次性容器中干燥。不幸的是，WCS 里的粪便因为过于干燥，最后会呈片状脱落，在太空舱里四处飘荡。而宇航员们又喜欢用花生互弹对方，所以他们只能凭味道分辨出到底是花生还是粪便碎片

这些步骤后你就可以滑开圆筒的盖子如厕了。下一个问题，零重力。在地球上，粪便会向下落；在零重力的环境下，排泄物因其黏性而难以顺利脱落。这个座位装有 11 个管道，可以从各个方向向上吹气，从而让排泄物能和你的屁屁"说再见"并落入圆筒中。不过，从管道吹出来的空气冰冷刺骨。粪便一旦进入圆筒就被旋转到外面冻干，免得碍事。使用 WCS 绝对不是什么愉快的体验，至少有一名宇航员在执行整个任务中什么都不吃，就是为了尽可能避免使用它。不幸的是，即使不进食，身体也会产生排泄物，结果是尽管挨了饿，这套装置照样还得用。

心理挑战

此外，还有一系列与太空飞行有关的精神压力。首先是长时间待在"金属盒子"里可能产生的幽闭恐惧症。阿波罗号的宇航员 3 人一组，相互之间挨得非常近，基本上不能改变位置或伸展四肢。尽管国际空间站有更大的空间，但也不能溜出去独处哪怕一分钟。你永远是和别人待在一块儿的，逃都逃不开。你只能祈祷同伴没有口臭或脚臭，如果有，也只能为了任务夜以继日地一直忍着。你的同伴或许嗓门很大，或笑声很刺耳，或喋喋不休，或喜欢打嗝，或不爱听别人说话，或者有其他一些让人难以忍受的小习惯。

远离家人和朋友可能会让人感到孤独，也可能会感到无聊和沮丧，尽管在实践中，宇航员抑郁的情况似乎不像潜水艇艇员那么严重。这大概说明地面控制中心给予了宇航员们足够多的支持，以防他们患上抑郁症。无聊时可以用电影和游戏来打发时间。执行在轨任务时也可以给家人打电话，但对于更远距离的任务，打电话就没那么容易了。哪怕只是在月球上，交流也会有 3 秒钟的延时，这使得谈话变得极其困难——等你听到一个问题的答案时，已经又想到两个新的问题了；而在火星上，

尼克·卡纳斯

过去 15 年间，加州大学旧金山分校的心理学教授尼克·卡纳斯一直从事宇航员心理健康方面的研究。他还是空间生物学和医学学科委员会（Committee On Space Biology and Medicine Discipline）人类行为方面的顾问。他特别研究了美国航天局与和平号空间站宇航员的群体行为——他们是如何与其他宇航员、地面控制中心以及家人交流互动的。

这种延时大约是 45 分钟，那时就只能用电子邮件交流了。

有些问题可能不容易事先预料到。一种是异味。一些维可牢尼龙搭扣（Velcro）曾被送到国际空间站用来固定物品。但在封闭的空间里，它怪异的气味会在人的喉咙留下一种难闻的味道；所以下一趟航天飞机来的时候就把它带回去了，但这个过程也花费了好几周的时间，而空间站又没有窗户可以让宇航员摇下来透透新鲜空气。

乔治·奥尔德里奇（George Aldrich）是美国航天局的气味专家，被誉为"侦探猎犬"。过去这些年，他已经对至少 700 件

物品进行了气味测试，而且这个数字还在不断地增长。

　　和其他处于压力下的人一样，宇航员的沮丧往往也会传递给别人。就好像如果你在单位被老板骂了一天，回到家后你可能会对你的伴侣大喊大叫，或者给猫来上几脚。当宇航员在太空船上心情抑郁时，他们可能会冲着地面控制中心大喊大叫，或发生更为糟糕的事——回家后把情绪发泄在家人身上。

　　俄罗斯人和美国人在太空中的行为完全不同。如果一个任务有不同文化背景的人参与，除了难以避免的误解，还可能出现意料之外的紧张局面。不过，一个多元文化的团体也可以非常高效。空客 A380 在图卢兹工厂制造时，团队成员来自法国、德国、西班牙、英国等不同国家。团队领导人在报告中提到，虽然接受的工程培训是一样的，但他们会从不同角度解决问题，这种方式往往非常有成效。

　　宇航员当中不应该出现少数派，不然有人可能会被孤立、刁难或是戏弄。在和平号空间站上，当 1 名美国人加入到 2 名俄罗斯人中时就发生了这样的事。所以不应该让 1 名美国人和 6 名俄罗斯人，或者 1 名女性和 8 名男性共同执行任务。理想情况下，男女比例、不同种族人数比例都应该大体相当，总人数最好控制在 7 人。当人数是奇数时，有利于通过多数票做出表决。

舱外活动

　　宇航员有时会离开飞船去太空行走，也就是舱外活动（EVA）。许多人都把这描述为太空旅行中最棒的部分。舱外活动时，宇航员必须穿着增压宇航服，携带独立的生命维持系统，呼吸纯氧，宇航服体积庞大，而且相当笨重。让人最难以忍受的是，手套又重又硬，只要戴几个小时，手就会又累又酸痛，就好像连续几个小时反复挤捏一个橡皮球。然而，你会享

一部分宇航员在刚回到地球后特别难以适应。

——尼克·卡纳斯
空间心理学家

左页图　没有床，人们往往难以安睡。宇航员们睡在系绳睡袋或吊床袋里，吊床袋通常垂直地（相对于"地板"而言）绑在墙上，因为这样占用的空间更少，而且身体也感觉不出方向。有些太空船上有铺位，宇航员可以在"上铺"或"下铺"睡觉，床板在零重力下不会感觉到那么硬。平均说来，宇航员在太空中的睡眠时间比在地球上少 1 个小时

受到一种非同寻常的自由，有点像你在游泳池里，却不需要划水。此外，这里还能看到令人叹为观止的景色——你可以一下子看到半个欧洲，白天和夜晚各只有 45 分钟。不过宇航员出舱可不只是为了欣赏风景，他们有各种工作要做，尤其是航天器、人造卫星或哈勃空间望远镜（见第 64 ~ 65 页）等仪器的维修任务。

人类未来的太空探索

　　人类探索宇宙的第一步自然是月球，下一步则显然是火星。相比金星，火星离地球的距离更远，但表面地质环境要好很多。人们一直想去火星，想更多地了解这颗红色星球，但这有可能吗？

　　第一，到达火星大约需要 8 个月，当然回来也得这么久，加上宇航员需要在那里待上几个月，所以一共差不多要花费两到三年。假如一次去了 7 名宇航员，那在这段时间内所需的食

上 图　2007 年 1 月，美国宇航员苏尼塔·L.威廉姆斯（Sunita L. Williams）在国际空间站参与了一次舱外活动任务。在 7 小时的任务中，威廉姆斯为其中一个模块重新配置了冷却回路，重新布置了电气连接，并在撤回后固定了 P6 桁架的右舷散热器

BBC 宇宙入门

物、水、氧气和其他生命维持物资的数量是非常巨大的，甚至土星 5 号也只能将其中的一小部分送入太空。航天器和生命维持物资必须像国际空间站那样在太空中组装。

第二，没有人在太空待过这么长时间。美国宇航员沙伦·卢西德（Sharon Lucid）在俄罗斯的和平号空间站一共待了 188 天，也就是 6 个月。她曾给家里发邮件说，每个星期天她都穿着粉红色的袜子，还和两名俄罗斯宇航员分享一碗果冻。令专家们惊讶的是，当她终于结束任务回来的时候，她竟然能自己从航天飞机上走下来。俄罗斯宇航员瓦莱里·波利亚科夫（Valeriy Polyakov）博士从 1994 年 1 月至 1995 年 3 月在和平号空间站停留了 438 天，创造了在太空中持续停留时间最长的纪录。在太空中，他每天锻炼 1.5 ～ 3 小时，着陆后还可以走到附近的椅子旁。第二天，他还去慢跑了。从这些经历来看，宇航员经过 8 个月的太空旅行抵达火星时还是能行走的，但等他们回到地球时会是什么状态呢？

第三，人类的寿命很短。为期 3 年的火星探险，虽然对于人类旅行来说已经很漫长了，但这也不过是旅行者号星际探索任务（Voyager Interstellar Mission）时长的十四分之一。旅行者号在发射 42 年后仍在运行中。

第四，成本过高。作为曙光女神计划（Aurora Programme）的一部分，欧洲空间局（ESA）计划实施一系列火星探测任务，最终目标是于 2030 年完成载人探测任务。美国航天局也暗示将执行载人火星任务，但目前还没有任何正式的消息。英国体育科学家亚当·霍基（Adam Hawkey）认为，如果宇航员真的到达火星，他们将在火星上跑步而不是行走。火星的引力只有地球引力的三分之一，相当于脚下踩着弹簧，这时候跑步比走路更有效率。

1998 年，美国航空航天工程师罗伯特·祖布林（Robert

Zubrin）参与创立了火星学会（The Mars Society）——一个致力于宣扬人类探索并殖民火星理念的组织。他们构想中的第一步叫作"直达火星"计划：先派遣一辆无人"火地往返车"登陆火星。它将把一座小型核反应堆、一个小型化工厂和一座氢气供应站运过去，通过这些设备把氢气和火星大气中的二氧化碳进行结合制造甲烷和氧气。这将为宇航员提供必要的燃料，而宇航员会与火星居住单元（MHU）一起进行随后的航行。

　　火星学会还运行着火星模拟研究站（MARS），通过模拟火星的环境条件试验火星居住单元的使用状况。其中一个研究站位于犹他州的沙漠中，是一个圆形的两层楼建筑，二楼是 6 个人的休息和生活区，下面是一个开放式的工作区。研究站里还有一个"压差隔离室"，参与者在进入沙漠进行"舱外活动"之前要花 5 分钟的时间在里面"减压"。在沙漠里，他们穿着全套的宇航服，配有手套、头盔和背包，模拟宇航员的工作——收集岩石样本，寻找水的迹象等。他们还希望了解团队的动态：团队的最佳人数是多少？在同一栋楼里待上两三个星期后，大家相处得怎么样？

左页图　金星的雷达图显示它是一个由峡谷和火山组成的世界。空中是厚厚的有毒云层，温度高到足以让铅熔化

下图　美国航天局的勇气号（Spirit）火星探测器拍摄到了这张古瑟夫（Gusev）撞击坑边缘的日落美景

人类进入太空有意义吗？一方面，人类比机器人更善于运用自己的智慧去做决定，发现潜在的问题，纠正错误。另一方面，人类的生命维持成本又很高昂：食物、水、空气、睡眠——这些机器人都不需要。登过月球的巴兹·奥尔德林确信人类应该"大胆地去做……"，当被问及原因时，他说他相信造物主会希望我们这样做。

探测器和机器人项目

自 1957 年第一颗人造卫星发射以来，人类已经发射了大约 200 个太空探测器，取得的成就有大有小。早期的火箭，不论是苏联的还是美国的，都相当不可靠：差不多有一半的火箭发射都失败了。但技术在不断改进，并取得了出色的成果。

1966 年 2 月 3 日发生了一桩富有戏剧性的事件。当时苏联的月球 9 号（Luna 9）成功降落在月球表面，并用一台电视摄像机将照片传了回来。这是有史以来第一次在月球上成功实现软着陆，也是苏联实现的又一个了不起的壮举，虽然他们此前已经尝试了 11 次。在英国曼彻斯特附近的卓瑞尔河岸天文台（Jodrell Bank Observatory），英国物理学家伯纳德·洛维尔（Bernard Lovell）听说了此事，立即把他的大型射电望远镜转向月球，看

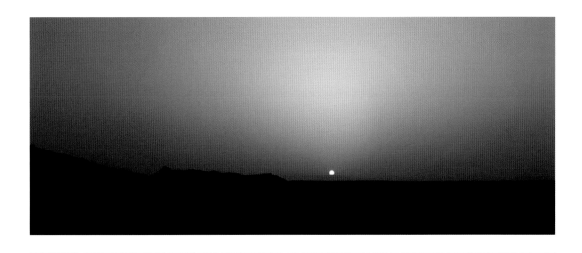

火星探测器

　　从 20 世纪 70 年代的海盗号着陆器开始，截至 2019 年，美国航天局已经将 4 个移动式机器人探测器成功地送上了火星：1996 年发射的旅居者号（运行 85 天后任务结束），2003 年发射的勇气号（运行至 2011 年 5 月 24 日）和机遇号（运行至 2019 年 2 月 13 日），2011 年发射的好奇号（至今仍在运行）。

第一个移动式机器人探测器"旅居者"的模型（左）和最近的火星探测车模型（右）的对比图

美国航天局的火星科学实验室和一辆小型汽车差不多大。它将着重寻找火星土壤中的有机物质——这是火星生命存在或存在过的证据

更长远一些的火星探测任务，将考虑使用气球和飞行器在火星表面升空飞行。这样可以实现对大面积区域的快速勘测。不过由于火星大气层太稀薄（火星的大气压只有地球的百分之一左右），要获得足够的升力将非常困难，而且有效载荷必须很小。

2012年，欧洲空间局希望能开展火星探测计划（Exomars，由欧洲空间局和俄罗斯联邦航天局合作的项目，计划使用两艘火箭发射几个探测器到火星，搜寻过去或现在火星生命的生物特征）。该项目将在火星地表向下开凿几米寻找有机物质。此外，除了使用光谱仪等设备，该项目还将利用生物学技术来寻找生命的迹象：蛋白质受体将积极寻找与生命相关的特殊分子。该仪器由一系列小腔室组成，每个腔室的直径只有几毫米，腔室中的蛋白质会附着在特定类型的分子上。这个机器会将一大块岩石溶解在溶剂中，用染料标记溶液，然后将其漂浮在芯片上。

火星探测漫游者计划的任务是对岩石和土壤进行检测分析，寻找火星曾经更加温暖湿润的证据

凤凰号的任务之一是寻找火星两极附近冰土交界区域可能存在的宜居地带

111

看是否能接收到任何信号。果然，他发现了似乎是某种代码的强烈信号。因为觉得很可能是照片，他就直接将信号发给了《每日快报》（*Daily Express*），让他们把信号输入标准图像接收机器。第二天早上，有史以来第一张月球表面的特写照片登上了英国报纸的头版。苏联显然有点恼火，一方面因为他们的照片竟然是一家不知名的西方报纸最先刊载的，还因为这张照片在水平方向上被缩小导致有点变形。当然也可能是苏联故意使用标准的摄像设备，因为他们知道卓瑞尔河岸天文台输出的照片清晰度会比任何苏联望远镜都要高。

探索行星一般有 4 种主要方式：

1. 飞越探测——拍摄图像和测量磁场；

2. 绕轨飞行——进入行星的轨道，从而有更多时间收集详细信息；

3. 软着陆——飞行器以较温和的方式在行星表面着陆，以便它能发回图片和化学分析的数据信息，并测量温度、风速等；

4. 硬着陆——了解行星表面和地表以下土壤的组成。

这 4 种方式中，飞越探测和硬着陆是最保险的两种。进入遥远行星的轨道需要巧妙而精确的计算，而软着陆则有各种各样的困难。比如火星的大气层太过稀薄，光用降落伞不足以实现软着陆。而在岩石上、悬崖边或在湖中着陆总是有危险的，不管出现其中哪一种情况都可能导致任务失败。英国的第一个火星探测器"小猎犬 2 号"（Beagle 2）在火星上陷入了糟糕的境地：它本应于 2003 年 12 月 25 日着陆，但一直没有向地球传回过任何信号，也就没有人知道它是在撞击中受损还是掉进了峡谷。目前已经有几个探测器飞越了土星，为我们传来了土星

BBC 宇宙入门

上图　乔托号发回了大量关于哈雷彗星的信息，显示哈雷彗星主体长约 15 千米，宽 7 ~ 10 千米

环的精彩图片，卡西尼 - 惠更斯号（Cassini-Huygens）土星探测器提供了关于土星两颗卫星的大量新数据（见第 118 页）。

　　彗星和小行星很有趣，因为它们也许能告诉我们行星是如何形成的（见第 38 ~ 41 页）。1985 年，苏联、日本和美国等国的一共 5 个探测器对哈雷彗星进行了联合探测。来自欧洲空间局的第一次深空探测任务乔托号（Giotto）也紧随其后，于 1986 年 3 月 14 日飞越哈雷彗星，最近时距离彗核约 600 千米。在这次近距离接触期间，乔托号被大约 12 000 块高速尘埃击中，其中一块质量约为 1 克的尘埃使这个重达半吨的航天器发生偏移而失去控制，经过半个小时的姿态调整才恢复了无线电通信。乔托号发现，这颗彗星并不是通常认为的脏雪球，而主要由尘埃和嵌入其间的冰组成。尘埃的颜色非常暗，富含氢、碳、氧和氮等元素，也含有一些矿物质和有机化合物。当时还测算出，太阳风每秒会吹掉彗星上 3 吨左右的尘埃。

　　会合·舒梅克号（NEAR-Shoemaker）探测器于 2001 年进入小行星爱神星（433 Eros）的轨道，并传回了有用的信息。日本隼鸟号（Hayabusa）探测器于 2005 年 11 月绕轨飞行后短暂降落在小行星丝川（25143 Itokawa）上，随即向地表发射子弹，并收集由此产生的尘埃样本。在丝川这样一块太空岩石上着陆是非常困难的，因为它非常小，引力微乎其微。事实上，与其说是在小行星上"着陆"，倒不如说是和小行星"对接"。

旅行者号（Voyager）

　　美国航天局的旅行者 1 号和 2 号是最令人印象深刻的两个航天器，它们都曾到访过太阳系小行星带以外的行星。它们利用了每 176 年才会出现一次的"行星连珠"现象，每经过一个气态巨行星时就会利用其弹弓效应：行星的巨大引力能给航天器加速，将其甩向下一个目标。旅行者 1 号和 2 号都是在 1977

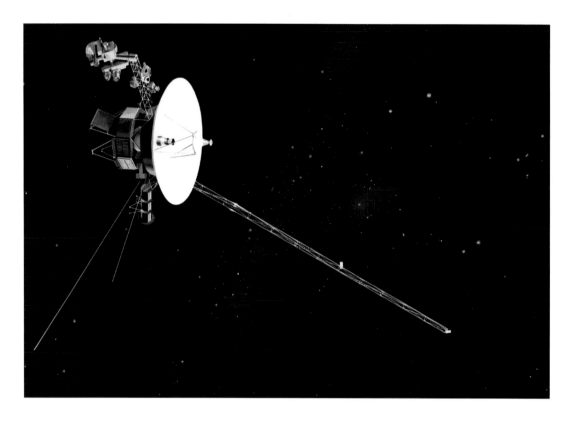

年发射的，在放射性同位素电源的驱动下，即便过去了 42 年，它们甚至仍在向地球发回信息。

旅行者 1 号于 1979 年 3 月飞行至距离木星中心仅 35 万千米的最近点，拍摄了木星表面及其卫星；1980 年 11 月，旅行者 1 号到达土星，在其云顶上空 12.5 万千米处掠过，发现了土星环的复杂结构。它还发现土卫六有大气层，因此地面控制中心决定让旅行者 1 号近距离飞越土卫六以获取更多的信息。但土卫六的弹弓效应最终将旅行者 1 号直接甩出了黄道面，使得其行星探测计划提前终止。截至 2019 年 10 月 23 日，旅行者 1 号已经连续飞越了 211 亿千米的距离，是离地球最远的人造飞行器。

旅行者 2 号的行进速度比旅行者 1 号慢。1979 年 7 月，它在木星上空 60 万千米处掠过，发现著名的大红斑是一个巨大的

上图　在维多利亚时代，富有的年轻人都会到欧洲大陆进行游学之旅。旅行者 2 号也曾在外太阳系开展"游学之旅"，"参观"了木星、土星、天王星和海王星

BBC 宇宙入门

风暴气旋，并拍摄了离它最近的大卫星木卫一的照片，照片显示木卫一上有9座活火山，喷出的烟尘高达300千米，向上一直延伸到太空。这是人类第一次在地球之外的地方观测到这样的火山活动，这可能是由潮汐加热引起的：木卫一离木星很近，而且被附近的木卫二和木卫三拖拽着来回移动，在如此强大的引力场中，木卫一的内部一定也在缓慢地来回晃动。旅行者2号于1981年8月抵达土星，拍摄了土星环的照片；1986年1月，旅行者2号抵达天王星，在其云顶上空仅8万千米处掠过，并发现它有强大的磁场，拥有的卫星数量也比我们之前所知的要多10个，同时天王星上的一天只有17个小时；1989年8月，旅行者2号抵达海王星，并发现海王星上有一个大黑斑，也是一个类似木星大红斑那样的大风暴气旋。

两个旅行者号现在都已突破日球层顶（又称太阳风层顶）的外边界，进入了星际空间。在那里，太阳引力的影响已经很小了。太阳风是从太阳喷射出的等离子体带电粒子流，以150万千米/时的速度在太阳系中急速移动，并向外吹出一个巨大的"气泡"，这个"气泡"就是太阳风发生作用的最大范围，也就是日球层。整个太阳系就在这个巨大"气泡"的包围和保护下，在太空中穿行。现在，旅行者1号正朝着北方，与黄道平面呈35°的夹角，以每天160万千米的速度飞行，差不多4万年后就可以到达另一颗恒星；而旅行者2号的速度稍慢，与黄道平面呈48°的夹角朝南飞行，要花30万年才能到达天空中最亮的恒星——天狼星（Sirius）。

WASP 1 的光变曲线

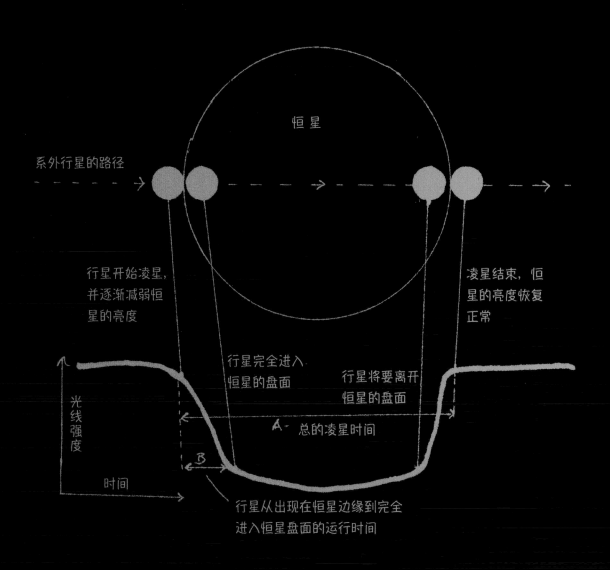

恒 星

系外行星的路径

行星开始凌星,
并逐渐减弱恒
星的亮度

凌星结束,恒
星的亮度恢复
正常

行星完全进入
恒星的盘面

行星将要离开
恒星的盘面

光线强度

A - 总的凌星时间

B

时间

行星从出现在恒星边缘到完全
进入恒星盘面的运行时间

第 4 章

其他世界

    2005 年 1 月 14 日，我在德国达姆施塔特的几个小时中一直坐立不安，焦急地等待见证天文学的一项惊人成就。天文学曾经纯粹是一门观察科学，但在过去的 10 年或 30 年中，实用的天体物理学已经成熟。这必将是一个非常震撼人心的场面——探测器降落在土星最大的卫星土卫六上。我有幸来到欧洲空间局地面控制中心（ESOC），制作了一档关于这次任务的电视节目。

    一个上午的时间里，我们亲眼看着科学家们焦急地踱来踱去，等待各个阶段顺利完成。主航天器卡西尼号（Cassini）宇宙飞船是在 1997 年发射的，花了 7 年的时间穿越太阳系，进入到这颗带着"环"的行星的轨道。2004 年圣诞节，惠更斯号（Huygens，荷兰人发音接近"霍金斯"）探测器与母船卡西尼号分离，前往土卫六。又过了 3 个星期，惠更斯号就要开始穿越土卫六大气层了。探测器上携带的各类仪器，其设计、建造、测试、安装和发射是在 8 年前完成的，到时候它们还会正常工作吗？它们会按照指令苏醒并传回数据吗？我从没见过科学家们如此紧张不安。

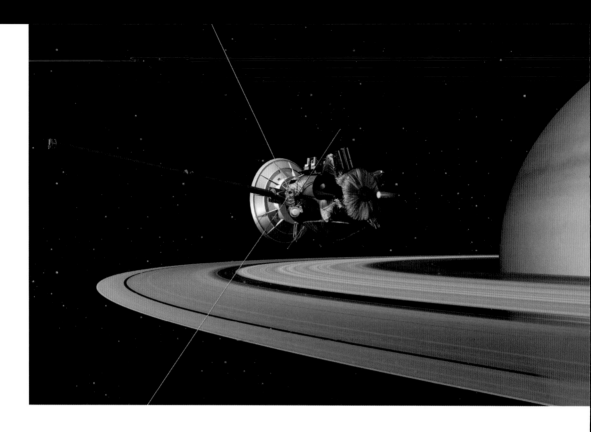

登陆土卫六

首先，惠更斯号在大气层里下降到一定高度后，就得扔掉它的隔热罩了。理论上，这样就会激活仪器，开始记录土卫六大气层的各种信息，并传送给卡西尼号。卡西尼号收到所有信息后会转身使天线指向地球，然后将数据传回地面。至少，计划如此。

惠更斯号发出的信号非常微弱，因此科学家们对直接接收到信号并不抱太大希望。不过，卡西尼号的发射器和天线都更加强大。德国时间上午 11 点 25 分，科学家们都聚集在控制中心，希望能收到第一个信号。当西弗吉尼亚州的大型绿岸望远镜（Green Bank Telescope）确确实实探测到惠更斯号发出的微弱信号时，这表明隔热罩已经脱落，仪器也已经开始工作，控制中心弥漫着科学家们无声的喜悦。

之后传来的却是坏消息：惠更斯号本应在两个通道上发送信号，但只有一个通道正常运作，另一个通道的信号没有发出，或至少是没有被收到。幸运的是，第二个通道本身只是备用通

上图　这张计算机生成的图像显示卡西尼 - 惠更斯号在土星环上方的轨道上。主航天器卡西尼号由美国航天局建造，惠更斯号探测器由欧洲空间局建造，强大的雷达和天线由意大利航天局（ASI）建造

道，用不了也不是多大的灾难，至少第一个通道是畅通无阻的。

与此同时，惠更斯号正向着土卫六缓缓靠近，并随着大气层的增厚不断展开一连串的降落伞。在下落过程中，它测量了大气的化学成分、气压、温度和风速，并拍摄了一系列照片，用越来越丰富的细节展示着这颗卫星的表面。不过，惠更斯号在进行这些工作的时候科学家们是不知情的，他们还得等上3个小时。等惠更斯号完成降落，把所有的信息发给卡西尼号，再等卡西尼号调整好方位后，数据才会从太空中传送回来被接收和解码。

终于，在下午5点19分的时候，数据开始不断地传来，等待的科学家们可以一边欢呼，一边满脸笑意地准备进行研究分析工作了。不过，他们的工作量可不小，光是计算各种数据就需要好几年时间。

在我看来，那一天最令人震撼的还是那些照片——那是有史以来第一批比火星更远的天体的近景照片。从照片上看，好像有巨大的悬崖，还有一个巨大的三角洲，看上去像是溪流或是江河入海时冲积出来的平原。当看到这些照片时，我意识到我所看到的不仅仅是一块岩石，而是另一个世界——一个有悬

资料档案 ｜ 卡西尼 – 惠更斯号

卡西尼 – 惠更斯号于1997年10月15日发射升空，主要任务是研究土星及其卫星。组装起来的整体大小相当于一辆公共汽车，重5.6吨。飞船借助了金星、地球和木星的引力弹弓效应，这也帮助验证了爱因斯坦的相对论。这一理论预测，大型物体会扭曲时空，因此，来自卡西尼号的无线电信号在靠近太阳时频率会发生轻微的偏移——这的确发生了。土星离太阳太远，难以利用太阳能，飞船由放射性同位素热发电机（RTG）提供动力，每个发电机上都有一块放射性元素钚。这一做法在1997年引发了强烈抗议，人们担心如果飞船坠毁在地球上可能会带来严重的后果。

尼古拉·哥白尼

尼古拉·哥白尼，1473 年出生于波兰，先后在克拉科夫大学、意大利的帕多瓦大学和博洛尼亚大学接受教育。哥白尼后来成为数学家、律师、天主教牧师、经济学家和外交家，但他真正喜爱的是天文学，并在 1497 年进行了第一次天文观测。哥白尼的大部分职业生涯都在波兰的弗龙堡（旧称"弗劳恩堡"）度过，1543 年，哥白尼去世后便长眠于此。他的墓地直到 2005 年 8 月才被人们找到。据说，他在临终前拿到了他的书的第一本印刷本。

崖、河流和海洋的世界。宇宙中还有什么样的世界，我们怎样才能找到它们呢？

邻近的世界

大多数恒星在天空中的运动轨迹都是有规律可循的，但行星，这些"漫游者"们似乎有着不同的套路。大部分时候它们都沿着相同的路径运动，但偶尔也会在天空中绕几个小圈。对于早期的观星者来说，这种奇怪的行为显然归功于众神，但后来人们不断寻求并得到了更合理的解释。大约在公元前 250 年，古希腊天文学家阿里斯塔克（Aristarchus）认为地球和其他行星都在围绕太阳旋转，但当时没人相信他。大约在公元 150 年，托勒密（Ptolemy）出版了一本名为《天文学大成》（*The Almagest*）的伟大著作，描述了天体的运动：地球位于宇宙的中心，每个行星都在一个称为"本轮"的小圆形轨道上匀速转动。

这种观点一直被认为是正确的，直到 1543 年，波兰天文学家尼古拉·哥白尼出版了一本名为《天体运行论》（*De Revolutionibus Orbium Coelestium*）的书。他在书中解释说，地球不是宇宙的中心，而是围绕太阳旋转的，并且其他行星也是如此。这些行星在天空中绕圈是因为它们和地球都在绕轨道运

资料档案 ┃ 太阳系其他行星与地球的比较

	天文单位 （AU）	直径 （千米）	质量 （地球质量）	自转周期	公转周期
水星	0.4	5 000	0.06	59 天	88 天
金星	0.7	12 000	0.8	243 天*	225 天
地球	1	13 000	1	24 小时	1 年
火星	1.5	7 000	0.1	25 小时	1.9 年
木星	5	143 000	318	10 小时	12 年
土星	10	121 000	95	10 小时	29 年
天王星	19	51 000	15	17 小时*	84 年
海王星	30	50 000	16	19 小时	165 年

＊大部分行星包括地球都是自西向东旋转，金星是自东向西旋转，天王星差不多是躺在自己的公转轨道上旋转。

天文单位（AU）= 地球到太阳的距离。以地球到太阳的距离定为一个天文单位[11]，约 1.5 亿千米。地球的质量约为 $6×10^{21}$ 吨。冥王星位于海王星之外，曾被定义为一颗大行星，但在 2006 年被降级为矮行星。

行。有时，当地球在追赶其中一颗行星时，会让那颗行星看上去像在倒退。这个观点非常具有颠覆性，所以哥白尼很小心，直到他临终时才出版了这本书，以免教会因为他的"异端邪说"而把他送上火刑柱。

除了行星和它们的卫星，天空中所有其他的光点都被视为"固定的恒星"。直到美国天文学家埃德温·哈勃（见第14页）意识到我们处于一个星系——银河系中，但除此之外还存在其他星系。我们现在知道银河系中大约有1 000亿（100 000 000 000）颗恒星，而宇宙中也有约1 000亿个星系。

我们自己的恒星——太阳，有一个围绕它旋转的行星家族，它们共同构成了我们所说的"太阳系"。那还有其他的世界吗？在那个世界中行星也是围绕恒星运行的吗？考虑到天体的数量如此庞大，想必肯定是有的。但它们会是什么样的世界呢？太阳系里的行星可以提供一定的参考价值。

水星、金星、地球和火星都是表面坚硬的岩质行星。带外行星则都是气态巨行星，它们可能有被液态金属氢包围的岩石核，却没有真正坚固的表面。它们的表面是由气体（主要是氢气和氦气）构成的，外部非常稀薄，但在靠近核心的地方会逐渐变热变厚。带外行星有光环，其中最壮观的是土星环。伽利略第一次看到并描述了这个行星环，但在之后的60年里，没有人能完全弄清楚它们是什么。因为从地球上看，它们就像是行星侧面的巨大手柄。1659年，荷兰科学家克里斯蒂安·惠更斯解决了这个问题。他不仅制作了第一个钟摆，提出了光是以波的形式传播的，还制造了一个性能更好的望远镜，搞清楚了这些"手柄"实际上是围绕着行星旋转的圆环。1655年3月25日，他还发现了土卫六。曾与惠更斯共事过一段时间的意大利天文学家乔瓦尼·多美尼科·卡西尼（Giovanni Domenico Cassini）又发现了4颗土星卫星，并观察到土星环上有一个很大的缝隙：

让土星环实际上变成了两个环，一个嵌套在另一个里面。这一缝隙现在被称为"卡西尼环缝"。观测土星和土卫六的"卡西尼－惠更斯"任务的名字也是为了纪念这两位天文学先驱而取的。各种航天器在土星附近拍摄的照片显示，土星环是由许多同心环组成的，主要物质是小冰块，它们共同构成了环绕行星的一个狭窄带状区域。尽管这些环有 25 万千米宽，但厚度却不到 1 千米，实际上可能只有几十米厚。

如何发现行星

水星、金星、火星、木星和土星这 5 颗肉眼可见的行星，古时就为人所知，它们奇特的运动方式让古人意识到它们和大部分星星都不一样。哥白尼根据它们与太阳的距离将它们按正确的顺序排列，并假定它们的轨道是圆形的。德国天文学家约翰尼斯·开普勒（Johannes Kepler）利用更精确的观测数据进行研究，结果表明这些行星的轨道应该是椭圆形而不是圆形。

威廉·赫歇尔出生于德国，是一名音乐家出身的天文学家。1781 年 3 月 13 日，他在巴斯家中的后花园里观测星空时发现了双子座的一个新天体。起初，他以为这是一颗彗星，当时他

下图 1986 年，旅行者 2 号在飞越途中拍摄了一张天王星的照片。自然色彩图像（左）显示了覆盖在星球表面的甲烷层和光化学烟雾。彩色增强图像（右）显示了南极的烟雾浓度

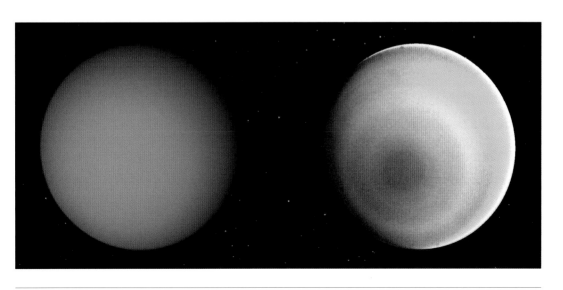

威廉·赫歇尔

弗雷德里克·威廉·赫歇尔，生于 1732 年。1755 年，他从德国汉诺威来到英国，在纽卡斯尔当过音乐家。赫歇尔后来在哈利法克斯找了一份风琴手的工作，并开始和约翰·米歇尔（John Michell）成为朋友。米歇尔是一位科学家，他辞去了剑桥大学的职位，成为一名牧师。米歇尔是第一个提出黑洞假说的人，并在 1783 年写给英国皇家学会的信中描述了它。可能就是米歇尔把望远镜借给了赫歇尔，从而让后者很快迷上了天文学。赫歇尔搬到巴斯后，开始制造自己的望远镜，其精度甚至超过了当时世界上其他的国家天文望远镜。有了这样的望远镜，加上妹妹卡罗琳的帮助，他在 1781 年发现了天王星并一举成名。此后，赫歇尔被任命为皇家天文官，直到 1822 年去世。

的观察只能持续几周，因为随着夏天的来临，他新发现的天体离太阳越来越近，最后就看不见了。他一直等到秋天才再次看到这个天体，然后才意识到这不是一颗彗星，而是一颗行星——这是至少 2 000 年来新发现的第一颗行星。他本来想以英国国王乔治三世的名字将其命名为"乔治之星"，但后来人们还是更愿意称它为天王星。

赫歇尔认为太阳系中的大多数行星都有人居住，但不幸的是，这个想法有点过于乐观。我们现在知道生命的存在是有条件限制的（见第 6 章）：要有水，气温要适中，应当在 −50℃到 150℃之间，并且能够免于危险的辐射——大气层就是这样的保护屏障。

像木星这样的巨行星，哪怕表面有落脚之地，大型动物也会因为引力太大而无法站直身躯。而水星这样的行星引力又太小，无法维持自己的大气层。因此，在寻找外星生命的过程中，科学家们对大小和地球相当的岩质行星及卫星最感兴趣。

金星常被称作是地球的姐妹行星，但不幸的是，这位姐妹星球的温室效应已经失控，地表温度差不多达到了 450℃，看起来很不适合生命生存。火星则太过寒冷，大气也很稀薄，因此表面暴露在危险的太阳紫外线辐射下，但它仍然有一丝生命存在的可能性（见第 199 页）。

天王星的发现纯属偶然。赫歇尔只是在天空中寻找新的天体，不经意间发现了天王星。海王星虽然曾被伽利略和其他人观察到过，但当时他们都没有认出这其实是一颗行星。不过，人们最终还是通过数学计算对此进行了确认。人们观察到天王星的轨道古怪而不规则，这表明它极有可能受到了另一颗行星的干扰。利用牛顿的公式，英国的约翰·柯西·亚当斯（John Couch Adams）和法国的奥本·让·约瑟夫·勒维耶（Urbain Jean Joseph Le Verrier）计算出了这颗未知行星的位置。亚当斯在剑桥大学读本科时就对这个问题产生了兴趣，并最终于 1845 年 10 月 1 日发表了他的预测。勒维耶也于 1846 年 6 月 1 日发表了自己的预测。两人都试图说服各自国家最资深的天文学家去寻找这颗行星，但都没得到重视。直到 1846 年夏末，才有人认真考虑了他们的提议。

英国天文学家詹姆斯·查理士（James Challis）于 8 月 4 日观测到了海王星，但没有意识到它是什么。9 月 23 日，德国天文学家约翰·伽勒（Johann Galle）收到了勒维耶的预测，当晚就将望远镜转向正确的方向，并在半小时内发现了海王星。那这份功劳到底算谁的呢？似乎亚当斯、勒维耶、查理士和伽勒都应该各占一份。

卫星

接下来就是环绕行星运行的卫星了。水星和金星没有卫星。我们有一个巨大的卫星——月球。月球距离地球只有 38.4 万千米，但它正以每年 4 厘米的速度远离地球。火星有两个小卫星，火卫一和火卫二，看着活像两块大石头或是两只老土豆。

就假设而言，任何人都不要指望天文学能提供任何的确定性——天文学做不到这一点，以免有人把为另一个目的而构想的思想视为真理，要真是如此，当他离开天文学研究，将会比他刚进入这项研究时更为愚蠢。

——尼古拉·哥白尼

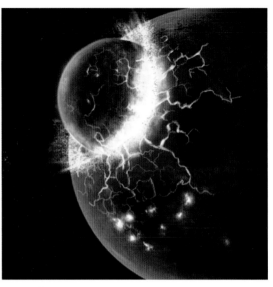

木星以其巨大的质量吸引了很多卫星。其中体积最大的4颗：木卫一、木卫二、木卫三和木卫四，用双筒望远镜或小型望远镜就可以看到。它们看起来像是排布在木星两侧的两条直线上，不过，这几颗卫星通常不会被同时观测到。伽利略在1610年1月通过望远镜看到了它们，对他来说，这证明了哥白尼关于地球不是宇宙中心的论断，因为这里的天体在围绕着地球以外的东西旋转。目前，已知的木星卫星至少有79颗，未来可能还会发现更多。有意思的是，这些卫星大部分都是岩质的，其中最大的4颗与月球大小相似。土星比木星要小一些，已知的卫星数量却达到82颗，是目前太阳系中卫星最多的行星。天王星有27颗已知的卫星，海王星有14颗已知的卫星。

正如美国宇航员在1969年至1972年造访月球时所证实的那样，我们的月球是由岩石组成的，干燥且没有生命。地球诞生（45亿年前）之后不久，一颗火星大小的小行星撞上原始地球，并撞掉了大部分地壳和地幔，这可能就是月球形成的过程。登月宇航员当时带回了约380千克的月球岩石和土壤样品以供科学家们检测研究。结果表明，月球表面的化学成分与地

上图（左）　木卫一（Io）——木星的4颗伽利略卫星之一，背景是巨大的木星。两者看起来离得很近，但实际上隔着木星直径3倍长的距离

上图（右）　一个火星大小的天体撞向原始地球，两者碰撞后熔融的物质被抛射出来，在地球周围形成了一个稠密的圆环。最终，这些物质碎片在轨道上聚集在一起形成了月球

BBC 宇宙入门

球地幔惊人的相似。月球就算曾经有过大气层，也早就逸散了，现在月球的表面毫无保留地暴露在太阳和宇宙射线的辐射之下，不断遭受太空陨石的轰击，这就是为什么月球的表面会显得如此坑坑洼洼。

宇航员们证实月球上的尘埃是粉末状且没有生命迹象的，但是天文学家最近注意到了一些有趣的事情：月球表面时不时地会发出一种光，有时只持续几秒钟，但有时会持续数小时。这些月球瞬变现象（LTP）是真实存在的吗？它们是某种生命的迹象吗？生命似乎不太可能存在，但还有两种可以解释月球瞬变现象的理论：它们可能是从月表以下逸出的气体（仿佛是月球渴求生命的叹息）引起的，也可能是陨石撞击造成的。关于月球还有许多问题有待回答，比如环形山里有可能藏着水冰吗？布满尘埃的月表下面又有什么呢？

火星的卫星是小而裸露的岩石块，它们可能是被火星捕获的小行星，但气态巨行星的卫星却大不相同。最大的卫星与它们的母行星同时形成，由岩石组成而且体积巨大，有些比月球还大，有些还有水。这些卫星或许是太阳系中最有可能存在生命的地方。

资料档案 | 太阳系中的大型卫星与月球的对比

行星	卫星	距离（千米）	直径（千米）	公转周期（地球日）
地球	月球	384 000	3 476	27
木星	木卫一	422 000	3 600	1.8
	木卫二	671 000	3 100	3.6
	木卫三	1 071 000	5 300	7
	木卫四	1 883 000	4 800	17
土星	土卫六	1 222 000	5 150	16
海王星	海卫一	355 000	2 700	6

木卫二几乎和月球一样大，似乎有个金属内核和一个岩石地幔，表面被水冰所覆盖，厚度可能达数千米。这种水冰具有很强的反射性，使得木卫二成为太阳系中最明亮的天体之一。来自伽利略号木星探测器的照片显示，冰层上有纵横交错的裂缝，有些宽达数千米，这表明下面或是有热量，或是在发生运动。热量可能来自地下海洋底部的火山爆发、放射性衰变或由于靠近木星产生的潮汐力。

带外行星的所有卫星表面都是寒冷的，但它们内部的岩石或水却可能是温暖的，那里有可能存在着原始生命。我们已经知道极端微生物是如何在地球上最不寻常的生态位上生存的（见第 196 ~ 197 页）。尽管木卫二是最有可能出现生命的地方，但由于其表面覆盖着厚厚的冰层，探测起来十分困难，毕竟制造一个能钻透几千米厚冰层的探测器并不容易。

惠更斯号的土卫六之旅传回了什么信息呢？我们已经知道，土卫六是太阳系中唯一一颗有浓密大气层的卫星。它的大气中 98% 是氮气，但也有一些甲烷，以及微量的氢气、氰化氢、乙烷、氩和其他有机化合物。在阳光的照射下，这些气体包括氮气可以发生反应，形成更复杂的化合物——那些最终可能产生生命的化学物质。土卫六上的大气和环境在某些方面与早期的地球相似，来自土卫六的深冰冻层的信息或许可以帮助我们揭示一些关于地球生命起源的奥秘。

土卫六上的河床看起来好像被液体冲刷过，但它的表面温度约为 -180℃，所以这种液体肯定不是水。最简单的三种碳氢化合物是甲烷、乙烷和丙烷。这三种物质的熔点都在 -180℃ 以下，沸点则分别是 -162℃、-89℃和 -42℃。尽管甲烷在阳光下可能会迅速蒸发，但是土卫六表面的液体可能是三者中的任何一种，其中可能性最大的是乙烷。

大约 30 千米以上高度的土卫六大气被一层神秘的雾霭所

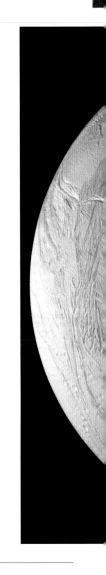

右图　惠更斯号停在一块平地上，周围是直径 5 ~ 10 厘米的鹅卵石。土卫六的壳又硬又薄，壳下面的物质则比较柔软

下图　土卫二表面纵横交错的裂痕可能是下面地质活动引起的地表重组的证据。这颗小小的卫星有着各种各样的地貌，古老的表面布满了陨石坑

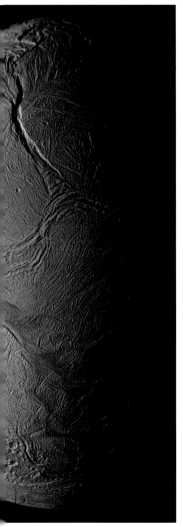

笼罩，其中可能有甲烷液滴，并且这里的天气模式也非常复杂。土卫六表面至少有一条相当宏伟的山脉，长约 150 千米，山顶覆盖着看起来像雪的东西——也许是甲烷雪。南极附近似乎有液态碳氢化合物组成的湖泊或海洋。尽管土卫六一定遭受过许多太空岩石的撞击，但陨石坑的数量却不太多，这表明地形不断被重新覆盖，覆盖物可能是温泉里的水、氨或碳氢化合物。

最终，母船卡西尼号发回了靠土星内侧的卫星之一——土卫二的壮美照片。土卫二是一颗直径只有 500 千米的小卫星。伦敦帝国理工学院的米歇尔·多尔蒂（Michelle Doherty）博士负责卡西尼号上测量磁场的仪器，她注意到土星的磁场不是直接穿过而是绕过土卫二的。所以她说服她的同事们改变卡西尼号的航线，使它在土卫二南极上空仅 170 千米处飞行。从那里拍摄的照片显示，有大量水汽从卫星表面的裂缝中喷涌而出。土卫二的表面光滑、明亮且寒冷——温度大约为 −200℃，所以它可能是由水冰组成的。水汽似乎是在压力下喷出的，就像一排排的间歇泉。

太阳系外的行星

太阳系内的行星很容易被观察到。水星、金星、火星和木星都是肉眼可见的，尽管水星离太阳非常近，有时候不太容易看到。靠外侧的行星则可以用小型望远镜看到。然而，其他太阳系的行星离我们就很遥远了。

最近的恒星距离地球超过 4 光年，约为 40 万亿千米，是日地距离的近 30 万倍。恒星光芒四射，但行星却并非如此——只有它们反射恒星的光时才能被看到。这意味着它们的亮度最多只有自己恒星的百万分之一，而在恒星的强光下，我们几乎不可能在如此遥远的距离看到它们，即使是最强大的望远镜也几乎无能为力。但不管怎么说，我们还是发现了 4 000 多颗太阳

这幅艺术概念图描绘的是 1992 年发现的脉冲星行星系统。脉冲星不停地旋转并发出电磁脉冲信号。脉冲星扭曲的磁场在图中用蓝光表现出来。带电脉冲星粒子的辐射可能会倾泻到行星表面，成为照亮夜空的光芒，类似于我们的北极光

系外行星

最早的系外行星是在室女座发现的，它们围绕着一颗濒临死亡的脉冲星运转。这颗脉冲星的名字非常独特，叫作 PSR B1257+12。波兰天文学家亚历山大·沃尔兹森（Aleksander Wolszczan）在 1990 年利用阿雷西博射电望远镜（Arecibo Radio Telescope）发现了它。它距地球 980 光年，每 6.22 毫秒旋转一次，速度快得惊人。两年后，沃尔兹森与加拿大天文学家戴尔·弗雷尔（Dale Frail）合作，发现脉冲星发出的无线电脉冲有时比预期的来得早，有时又来得晚。这些脉动周期的异常现象是由 3 颗地球大小的行星的引力造成的，这 3 颗行星也可能是气态巨行星的岩石内核。但这些行星上不太可能存在生命——因为它们离脉冲星太近，强烈的辐射对任何生命来说都是致命的。

资料档案	最早发现的系外行星与地球的对比				
	与脉冲星距离	直径	质量	自转周期	公转周期
A	0.2 AU	未知	0.02	未知	25 天
B	0.36 AU	未知	4.3	未知	67 天
C	0.46 AU	未知	3.9	未知	98 天

系外行星 HD 188753 Ab 于 2005 年被发现。这张艺术概念图展示了这样一幅奇异的图景：在一颗围绕该行星运转的卫星上，每天可以看到 3 次日落的景象。这颗行星围绕着一个二星系统运行，这一发现挑战了目前的行星形成理论

2006 年，日内瓦天文台（Geneva Observatory）发现了 3 颗海王星大小的行星围绕着恒星 HD 69830 运行（如上图），这颗恒星与我们的太阳非常相似。它们的存在是根据恒星的引力摆动推断出来的

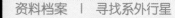

资料档案 ｜ 寻找系外行星

探测系外行星有 7 种方法：

- 脉冲星计时——如 PSR B1257+12（见左页）；
- 引力摆动——通过光谱学检测出的行星对恒星的"推拉"效应；
- 凌星法——当一颗行星经过恒星时，恒星亮度略有降低；
- 天体测量——观测到恒星因其行星而摆动；
- 引力透镜——恒星或星系巨大引力效应的放大；
- 聚集在恒星周围的尘埃盘的扰动；
- 直接观测。

系外的行星。这又是怎么做到的呢？当然是既需要巧思也需要技巧。这也很好地说明了天文学在过去几十年中发展得有多么迅速：天文学家在至少150年前就对系外行星做出了猜想，第一次发现系外行星是在1992年，而现在每年都可以有更多的收获。

引力摆动法 [12]

当像木星这样的大质量行星绕太阳运行时，它对太阳也有一个引力，而根据牛顿第三定律（作用力和反作用力大小相等，方向相反），这个引力和保持木星在轨道上的引力是大小相等的。这意味着木星并不是围绕着静止不动的太阳在旋转，而是两者都围绕着一个共同的重心在旋转。因为太阳的质量是木星的一千倍，这个重心实际上是在太阳内部，但离太阳的核心很远，当木星转向"东面"的时候，太阳必须向"西面"旋转以使两者处于平衡状态。

1995年10月6日，利用这一现象发现了第一颗系外行星，它围绕着一颗叫作飞马座51（51 Pegasi）的恒星运行。该行星被命名为飞马座51b（51 Pegasi b，恒星附近的第一颗行星，现在用该恒星的名字加上b来命名，之后的行星依次加上c、d等）。瑞士天文学家米歇尔·马约尔（Michel Mayor）和他的学生迪迪埃·奎洛兹（Didier Queloz）在法国马赛附近的上普罗旺斯天文台（Haute Provence Observatory）发现了它（飞马座51b的发现是天文学上的一座里程碑，它使科学家认识到在短周期轨道上也可能存在巨行星）。当地的村庄现在被称为"圣米歇尔天文台"。米歇尔和迪迪埃当时打算用一台老式望远镜和一台自己设计的高度稳定的分光光度计，寻找附近恒星的不寻常特征。但是在观测过程中，他们注意到飞马座51的光谱线在来回移动，也就是说频率会反复地时而变高，时而变低。

上图 这是艺术家心中的飞马座51b。行星的超高温度可能会在远离母星的方向上产生一条微弱的彗星状尾巴

右图 米歇尔·马约尔（右）与迪迪埃·奎洛兹站在上普罗旺斯天文台的望远镜前。自从发现飞马座51b以来，马约尔和他的团队共同参与发现了更多系外行星。2004年，马约尔因其对天体物理学的杰出贡献而被授予阿尔伯特·爱因斯坦奖章（Albert Einstein Medal）

这看起来像多普勒效应，也就是说当信号源靠近时，频率会增加，信号源远离时，频率会降低（见第18页）。这也正是飞马座51的光谱所展现的。

　　他们猜测，有一颗巨大的行星围绕飞马座51运行，导致恒星来回摆动，这种解释可以和他们的观测结果相契合。问题是，振荡周期只有短短的4.2天，这意味着这颗看起来几乎和木星一样大的行星必须以极快的速度绕着恒星旋转，因此它必须非常接近恒星，而且会非常炽热——表面温度可能高达1200℃。与之形成对比的是，木星距离太阳7.8亿千米，公转一周需要12年。尽管这颗新行星的质量与木星大致相同，但

凌星法

探寻系外行星另一个重要的技术是寻找凌星现象。凌星，是指一颗行星从地球和一颗恒星之间经过的现象。第一次观测到的凌星现象发生在 1639 年 11 月 24 日，当时金星从太阳前经过（即金星凌日），一位名叫耶利米·霍洛克（Jeremiah Horrocks）的年轻英国牧师看到一个小黑点在太阳上移动。在日落前，他持续观察了半个小时。

这一方法也被用来寻找系外行星。若是被行星挡住，恒星看起来就会变暗一些。除非行星体积巨大，不然影响会非常小，但哪怕只变暗 1% 也是可以被观测到的，而且可以通过反复的观测来验证该行星的存在。现在人们用光变曲线检测变暗的现象。下图演示了光变曲线的原理。变暗现象发生的频率说明了行星绕恒星旋转一周需要多长时间，从而也就知道了它的运行速度。根据行星从出现在恒星边缘到完全进入恒星盘面的运行时间（B），可以计算出行星的直径，而用总的凌星时间（A）可以计算出恒星的直径。从一条光变曲线就可以得出这么多结论，真是神奇。

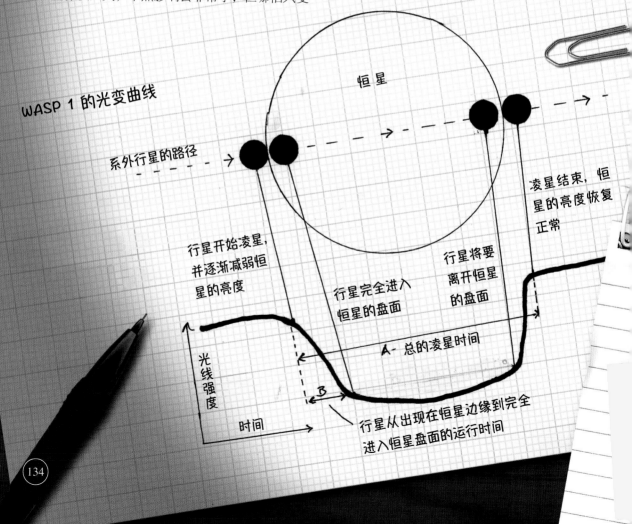

WASP 1 的光变曲线

恒星

系外行星的路径 →

凌星结束，恒星的亮度恢复正常

行星开始凌星，并逐渐减弱恒星的亮度

行星完全进入恒星的盘面

行星将要离开恒星的盘面

A - 总的凌星时间

光线强度

时间

B

行星从出现在恒星边缘到完全进入恒星盘面的运行时间

在我们的演示中，一颗"系外行星"将要经过它的恒星。我们将能够从行星经过时恒星的变暗程度来推断行星的性质。

亚当用照度计（light meter）监测恒星的亮度。一旦出现亮度的变化，他就知道在他和恒星之间有一小物体经过了。

金星凌日大约每个世纪发生两次。

最近发生的水星凌日：2003 年 5 月 7 日，2006 年 11 月 8 日，2016 年 5 月 9 日，2019 年 11 月 11 日。

拍摄于 2004 年 6 月 8 日的金星凌日。

当恒星变暗时，亚当的照度计会记录亮度的下降情况。从亮度下降所需要的时间可以计算出行星的直径。而通过变暗现象的时长可以计算出恒星的直径。

SuperWASP

我们惊讶地发现眼前并不是一台巨型望远镜，而是 8 台数码相机，放置在一个屋顶可滑动的车库里

天文学对唐·波拉克来说既是工作又是爱好。正如他所说，系外行星在他刚开始工作时都只存在于科幻小说中，现在它们却是真真实实存在的

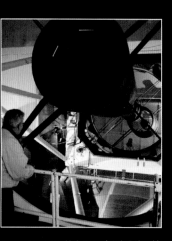

SuperWASP 的邻居，大型威廉·赫歇尔望远镜。这是西欧最大的望远镜，它证实了 SuperWASP 的发现

　　凌星法的主要使用者是 SuperWASP，即超广角寻找行星。它由一台位于加那利群岛拉帕尔马古老火山边缘的望远镜和另一台位于南非的萨瑟兰天文台（Sutherland Observatory）的望远镜组成。WASP 指的是广角行星搜寻（Wide Angle Search for Planets），相关仪器是由唐·波拉克（Don Pollacco）和他的同事用很小的一笔预算设计和制造的。对于这台精密的仪器来说，"SuperWASP" 是个绝佳的名字。它的突出之处不仅在于灵敏度，还在于它可以同时观测大量的恒星。

　　望远镜的照相机按照 4×2 的排列方式安装在一个机械臂上的长方形阵列中，对着邻近的空域，这样它们就覆盖了一个广阔的视野。每台照相机分别进行一次 10 秒和一次 30 秒的曝光（为了挑选出变暗的恒星），然后机械臂将它们移动到天空的另一片区域进行观测。望远镜每晚会对整片天空来回扫描几次，在每个拍摄区间内，每台照相机能够拍摄 5 万颗恒星。所有的数据都通过互联网传回英国的计算机，通过测量每颗恒星在夜间的亮度变化，软件可以挑选出可能存在凌星现象的恒星。对于每颗恒星，计算机都保存了一系列亮度数值，它可以将这些数值绘制成一条光变曲线——亮度与时间的关系图。通过计算机寻找的便是那些亮度以固定的时间间隔为周期重复出现下降的恒星。

　　SuperWASP 第一年就扫描了 670 万颗恒星，并找出了 18 000 颗出现明显变暗现象的恒星。在仔细研究了这些数据之后，唐和他的团队将这个范围缩小到了 100 颗最可能有行星的恒星。目前已经用更大的望远镜对其中两颗进行了探测，并且发现它们的确各有一颗行星，这两颗行星被命名为 WASP1 和 WASP2。唐相信还可以找到几百颗这样的行星。

在 SuperWASP 坐落的古老火山下不远的地方是 4.2 米口径的威廉·赫歇尔望远镜（William Herschel Telescope），它可以对"年轻有为"的兄弟望远镜 SuperWASP 发现的候选行星进行验证。瞄准候选行星后，威廉·赫歇尔望远镜可以精确地检测它的亮度，而光变曲线的形状则可以告诉我们关于这颗新行星的很多信息（见第 134 页）。同时，它也可以测量恒星的光谱，并且也可以在发生凌星的时候测量行星的光谱，从而知晓它是否有大气层，如果有的话，又包含哪些成分。

当唐和他的一个同事有机会用威廉·赫歇尔望远镜观察 SuperWASP 找出来的候选对象时，他们会有一些非常巧妙的操作：一旦锁定了正确的恒星，他们会刻意使望远镜散焦。因为恒星是一个亮点光源，它只会在探测器上占据一个像素，这样就很容易出现饱和的情况，也就很难测量亮度的微小变化。当望远镜散焦时，恒星的图像会扩散成一个圆盘，从而占据很多的像素，这样探测器在过载之前就可以接收更多的光子，从而使亮度的微小变化变得更容易测量。

这是 SuperWASP 的相机矩阵。每台相机的镜头都是 11 厘米直径，200 毫米焦距，最大光圈 f/1.8 的统一配置

它的公转周期只有短短的几天，因此它离恒星的距离就只有800万千米。正因如此，一开始没有人愿意相信这个结果，米歇尔和迪迪埃也遭到了嘲笑，直到一个美国研究团队也得到了相同的结果。

SuperWASP存在三个问题。第一个问题是，跟其他光学望远镜一样，它只能在晚上看到恒星。行星凌星也可能发生在白天，而SuperWASP永远无法发现这样的行星。事实上可能存在这样的行星，在每天中午的时候经过它的恒星。天文学家真正想要的是在南极放置一台望远镜，这样可以一次性连续观测6个月，然后在靠近北极的地区，比如挪威、俄罗斯、加拿大或阿拉斯加附近，也放置一台望远镜，再观测半年。

第二个问题是，尽管它擅长于寻找热木星，但它可能难以发现"冷木星"或类地行星。在我们的太阳系中，木星绕太阳一周需要12年的时间，也就说，一个太阳系外的观测者要连续观察12年，才有可能发现因木星导致的太阳亮度的变暗，这种操作其实是不太现实的，成功的机率也很小。此外，如果观测的位置不在黄道平面（地球绕太阳公转的轨道平面）上，也不会观测到亮度变暗。就算观测对象是地球，也要在黄道平面内连续观测一整年，而且亮度变化只有0.01%左右，小到完全探测不到。

资料档案 ｜ 开普勒任务

开普勒是一台95厘米口径的空间望远镜，它跟着地球一起绕太阳运行，这种方式能保证最大的稳定性，受到辐射和重力的干扰最小。开普勒的观测范围在黄道平面以外，这样地球、月球和太阳就不会阻挡它的视野，而且可以在包括天鹅座（Cygnus）和天琴座（Lyra）的范围内，像SuperWASP一样，对成千上万的恒星进行反复拍摄，寻找系外行星。

我们离寻找到类似太阳系的恒星系统已经越来越接近了。

——迪迪埃·奎洛兹

第三个主要问题是，大气湍流引起的恒星闪烁，这也是所有在地球上进行的天文观测会遇到的问题。在恒星像圣诞彩灯一样闪烁的时候，还要确定不到 1% 的亮度变化的确是一件非常棘手的事情。比较一张照片上所有恒星的亮度，以确定其中一颗恒星相对于其他数千颗恒星的亮度变化，这是一项计算量非常大的工作，何况天文学家需要拍摄好几张照片来提高这一过程的精度。要发现地球大小的行星，我们就要能够观测到 0.01% 的亮度变化——这比我们现在能观测到的亮度变化要求高了 100 倍。如果能在没有地球大气层的太空中使用望远镜，这也许是能够实现的。

法国在 2006 年末启动的对流旋转和行星横截任务（COROT）是一个运行到 2013 年的空间望远镜项目。该项目的目标是寻找轨道周期短的太阳系外行星，特别是那些大的类地行星，并通过测量恒星中类似太阳的振动来进行星震学研究。其中最引人注目的发现是 2009 年以凌星法探测到了一颗系外行星柯洛 7b（CoRot-7b），它是第一颗被证明由岩石或金属组成的系外行星。柯洛 7b 的直径约为地球的 1.7 倍，质量为地球的 5.6~11 倍。该行星的轨道十分靠近其母星，轨道周期为 20 小时。

巧妙的推理

利用凌星法，我们不仅仅能探测到行星的存在，还可以知道行星的轨道倾角、质量和密度，甚至行星上的天气系统和温度。

通过热木星凌星时间（经过恒星表面所需的时间）的微小变化，SuperWASP 团队也许还能推断出在更远轨道上的较小行星的存在，它们的引力可以影响巨行星的轨道速度。实际上，海王星就是因为天文学家观测到天王星的轨道变化而发现的。研究团队还希望了解关于这些类太阳系形成的更全面一些的信息：行星的大小和质量是如何变化的，大行星是如何离恒星这么近的，以及这些大行星的结局是什么——是被恒星吞没了，还是被蒸发到太空中了？到目前为止，该团队发现的所有类太阳系都含有热木星，和我们的太阳系很不一样。因此，还没有人知道太阳系是属于宇宙中的典型模式，还是独一无二的存在。

在已经发现的 200 颗新行星中，有些特别有意思。红矮星格利泽 876（Gliese 876）至少有 3 颗行星，其中 1 颗行星的质量约为地球的 7.5 倍。系外行星 HD 209458b 先是于 1999 年通过引力摆动法被探测到，随后又通过凌星法被发现，有力地证明了引力摆动法确实能探测到行星。两年后，哈勃空间望远镜的观测显示，这颗行星的大气中含有钠元素。

后来，上普罗旺斯天文台安装了一台强大的新仪器——阶

凌星法的优势在于它不涉及什么物理学的知识，大部分都是几何学的知识。几何学就要好理解多了。

——唐·波拉克
SuperWASP 天文学家

左图　这幅概念图展示的是系外行星 HD 209458b 凌星时的场景。这颗行星位于飞马座中，距离地球 150 光年

BBC 宇宙入门

梯式光栅摄谱仪（SOPHIE），用于探测引力摆动。SOPHIE 和 SuperWASP 的组合非常有价值：SuperWASP 用来发现可能存在的行星并测量其大小，而 SOPHIE 负责验证它们到底是不是行星并测量其质量。在这对"搭档"刚开始运作的 4 个夜晚，SOPHIE 就验证了 SuperWASP 最先找到的那两颗行星。

引力透镜法[13]

爱因斯坦在他著名的广义相对论论文中说，引力所做的其实并不是让两个物体相互吸引，而是因为它扭曲了空间，使两个物体被拉到一起。所以一颗大质量恒星扭曲了它周围的空间，就像透镜扭曲了穿过其中的光线。事实上，恒星周围的空间就

下图　这是一幅系外行星 OGLE-2005-BLG-390Lb 绕红矮星运转的艺术概念图。这颗行星表面的温度只有 -220℃

约翰·古德里克

约翰·古德里克（John Goodricke），1764 年出生于荷兰。他一生大部分时间都在英国度过，和父母一起住在约克郡。年轻时的一次猩红热使他终生失聪。他是一位经验丰富的天文学家，他的观测记录非常精确。历史学家推断出，他是在靠近约克大教堂的一座中世纪建筑——"司库之家"二楼的东窗往南观测星空的。1786 年，21 岁的古德里奇被选为皇家学会会员，但他在得知这一消息之前就去世了。由于长期在寒冷的夜晚进行观测，古德里克最终因肺炎而与世长辞。

像一个透镜，将光线吸引到其中心，从而放大远处物体的图像。当一颗恒星碰巧在一颗遥远的行星前经过时，就会产生这种放大效应，这颗行星在几分钟到一个小时左右的时间里会发出明亮的光芒。

行星 OGLE-2005-BLG-390Lb 就是用这种方法在 2005 年 1 月 25 日被发现的。它围绕着一颗位于银河系中心附近的距离我们 21 500 光年的红矮星运行。这颗行星的质量约为地球的 5.5 倍，离恒星的距离几乎是日地距离的 3 倍。

其他方法

直接观测是非常困难的，只有最强大的望远镜才有可能观测到这些暗淡而遥远的天体，但在 2005 年，智利的甚大望远镜成功地拍摄到了一颗围绕褐矮星运行的行星 2M1207b，这颗行星位于半人马座。这是直接拍到的第一张系外行星的图像。

其他探测方法大多还处于初级阶段。这些方法通常都是在寻找靠近母星的大质量行星时比较有效，迄今为止发现的大多数行星都比木星大，离它们的恒星也比地球与太阳的距离近得多。然而，这些方法的存在本身就已经开辟了一个全新的天文学领域。

上图 这张具有历史意义的红外线照片上的红点是人类直接拍摄到的第一颗系外行星。图中的蓝点是行星环绕的褐矮星

冒牌货

天文学家在寻找系外行星的过程中，有的时候会找到一些"冒牌货"，褐矮星是其中最常见的。50年前的分类非常简单：发光的是恒星，围绕恒星运行的是行星，围绕行星运行的是卫星。但之后情况就变得复杂了，这是典型的科学进步带来的结果：问的问题越多，那么要处理的事情就越多，情况就越复杂。现在的恒星有很多种类，包括中子星、脉冲星和黑洞等。还有一些被称为褐矮星的恒星，它们是一种大球状物质，但没有足够的质量在其中心点燃核聚变反应（见资料档案）。

另一类"冒牌货"是变星（variable star）。古代的人们就已经知道变星了——英仙座 β 星[11]被阿拉伯天文学家命名为"恶魔之星"，即使用肉眼也能看到它在闪烁；每隔3天它就会变暗，然后再次变亮。1783年5月，英国业余天文学家约翰·古德里克认为这种现象的产生是因为一个黑色天体从恒星前面经过，他把这个想法告诉了英国皇家学会，并且因此赢得了该学会当年的科普利奖章（Copley Medal）。我们现在知道，英仙座 β 星实际上是一对双星，即两颗恒星围绕着彼此旋转。其中一颗比另一颗亮，它们恰好在一个包含地球视线的平面上旋转，因此在每一次旋转中，暗淡的恒星都会挡住明亮恒星的光线，

埃德蒙·哈雷

埃德蒙·哈雷（Edmond Halley）出生于 1656 年。1676 年，他离开牛津前往圣赫勒拿岛观测南半球的天空。哈雷是艾萨克·牛顿最亲密的朋友之一，他说服牛顿写下了著作《自然哲学的数学原理》。1682 年，哈雷观察到一颗彗星不寻常的逆行轨道——按"错误的方向"绕着太阳运转。他意识到这颗彗星在 1456 年、1531 年和 1607 年就已经出现过。哈雷准确地预言了它在 1758 年会再次出现。尽管中国人在公元前 240 年就观察到了它，这颗彗星后来还是被命名为哈雷彗星。哈雷于 1720 年成为英国皇家天文学家，并于 1742 年去世。

这就是为什么它似乎在闪烁。事实上，再远一些的地方还有第 3 颗恒星绕着这对恒星旋转，但这并不影响前面的闪烁现象。

SuperWASP 无法区分一颗绕轨道运转的行星和一颗变星，但 SOPHIE 这台检测引力摆动的机器就可以做到，并可以测量天体的质量，这样就能快速区分出恒星和行星。这就是为什么 SuperWASP 和 SOPHIE 的组合能如此强大。这个组合可以同时测量出行星的直径和质量，接着我们就能知道行星的密度（用质量除以体积）。地球的密度是 5.5 克每立方厘米，大约是铝和铁密度的中间值。

岩质行星的密度比气态巨行星的密度要大得多（见第 146 页）。土星密度非常小，如果你能找到一个足够大的浴池，它会在浴池中浮起来。水的密度是 1 克每立方厘米，任何密度小于水的东西都会在水中浮起来。（不妨做个有趣的小实验，关于苹果、桔子、香蕉或西红柿在水里会浮起来还是沉下去，先写下你的想法，然后亲手去试一试。）

右图　这张 1986 年拍摄的照片清楚地显示了哈雷彗星由尘埃组成的白色彗尾。哈雷彗星将在 2061 年再次回归

水

水是我们目前所知的生命形式中不可或缺的一部分。理想情况下，水在行星表面以液体形式存在。水可能在行星诞生之

初形成，也可能以冰的形式（液态水无法在太空的真空环境下存在）从外太空来到行星。行星的温度必须足够低才能使蒸发的水凝结，这在一颗炽热的行星上是不会发生的。其中一种可能性是包括地球在内的所有行星上的水都是以脏雪球，也就是彗星的形式到达的。彗星是冰、岩石、尘埃或烟尘的混合物，这些物质在太阳系外部被称为柯伊伯带和奥尔特云的区域聚集成团。这两个区域离太阳都非常遥远，其周围的蒸气都很容易凝结在经过的彗星上。

彗星在大偏心率的轨道上绕太阳运行，轨道的一端可能在海王星之外很远的地方，另一端则像水星一样靠近太阳。这些轨道通常很长——我们从公元前 240 年就开始观测到的哈雷彗星要每隔 75 年才会返回一次。当彗星接近太阳时，不断增加的热量开始融化一些冰，由此产生的冰粒和尘埃碎片被太阳风推

离彗星，形成彗星的"尾巴"，它总是直接指向远离太阳的方向。

年轻时候的地球曾受到大量陨石和彗星的撞击，一直保持着很高的温度，这些天体甚至可能在地表熔化。但同时，这些撞击也带来了大量的水。一些水沸腾后进入到大气层。后来，水蒸汽凝结成雨，形成了海洋。

在系外行星上很难探测到是否有水的存在。在我们的太阳系中，金星上还没有发现水；水星北极附近的一些撞击坑的永久阴影区内，根据信使号探测器的探测结果显示，存在着大量的水冰；火星上有一些水，主要在地表以下；月球上除了两极可能有水以外，其他地方完全没有水；气态巨行星没有水，但它们的一些卫星有巨大的冰冻海洋，特别是木卫二、木卫三和木卫四，以及土卫二。

资料档案 ｜ 行星密度	
行星	密度（克每立方厘米）
水星	5.4
金星	5.2
地球	5.5
火星	3.9
木星	1.3
土星	0.7
天王星	1.3
海王星	1.6

大气层

表明其他行星也可能有大气层的第一个迹象出现在 17 世纪，当时天文学家注意到，当金星凌日时，它似乎有一个模糊的边缘。

19 世纪 60 年代，英国天文学家诺曼·洛克耶（Norman Lockyer）记录了日食时月亮边缘透出来的一条狭窄太阳光带的光谱，并注意到有一条来自未知元素的明亮谱线。

他猜测这是一种金属，并称之为氦。这个名字来源于希腊语中的"太阳神"（Helios）一词。后来，苏格兰化学家威廉·拉姆齐（William Ramsay）在地球上发现了这种元素，并发现它是一种气体。氦是宇宙中仅次于氢的第二常见元素。氦在恒星中是由氢原子聚变形成的，在地球上则是由放射性衰变产生的。

洛克耶的发现促使科学家进一步研究恒星和行星的大气光谱，但要研究行星的光谱却并不容易，因为它们不像恒星那样发光。

BBC 宇宙入门

下图 图中展示的是陨石和彗星撞击原始地球的场景，这些撞击给地球表面带来了水。天空中的月亮看上去非常巨大，因为当时的地月距离比现在的近很多

令人惊讶的是，通过观察月亮不发光部分的光谱可以推断出地球大气的一些成分。当月亮只是一弯细长的新月时，你经常可以看到它的其余部分笼罩在幽灵般的阴影之中；这是地球将阳光反射到月球表面，照亮其黑暗部分的一种现象，也叫作"地照"。对这种"地照"进行光谱检测可以看到氧气和二氧化碳的谱线。

对于系外行星来说，这项任务更具挑战性，因为它们离地球太远，有些无法直接观测到。然而，当一颗行星凌星时，恒星的光芒将通过行星边缘的大气，这时就能得到光谱了。检测的机器非常灵敏，甚至可以从一个像素的光点中获得行星大气的很多信息。

科学家们寻找的一个特征是地球上绿色植物的"红边"。大部分照射在绿色植物上的可见光会被吸收掉，光能会被用来驱动光合作用。然而这种吸收在可见光谱外的近红外波段会急剧减弱，这可能是因为如果植物在红外波段大量吸收光就会有过热的危险。因此，在可见光谱之外大约 700 纳米的波长处，绿色植物反射的光量从大约 5% 急剧上升到 50%，这种植物的反射率出现突变的光谱区域被称为红边。这也是草和树叶在红外摄影中显得特别明亮的原因。如果在系外行星的光谱中检测到红边，那可能是有植物存活的有力证据。

流浪的行星

我们认为行星正常情况下都处在围绕恒星运行的轨道上，但偶尔——也许在类太阳系形成的时候——一颗行星会脱离原来的恒星，或是因为与某一颗行星的引力产生相互作用，或是因为另一颗恒星经过的时候距离太近。然后，它很可能在寒冷黑暗的太空中独自游荡，因为被另一颗恒星捕获的可能性很小。天文学界关于这些天体是否应该被称为行星存在着一些争论，因为行星就应该是围绕恒星运行的天体，所以纯粹主义的学者称它们为"星际行星"。

一些科学家专门寻找这些流浪行星，有少数人甚至认为流浪行星的数量可能比类太阳系中的行星更多。但是寻找工作异常困难，因为没有恒星的光照，它们是完全黑暗的。

然而，这样的行星上可能存在着原始生命。虽然它无法接收到恒星的热量，但地热活动和放射性衰变可能会产生足够的热量，使地表温度保持在 0℃ 以上，这样液态水就可以存在

上图 艺术家笔下的一颗流浪星球，在星云（而非恒星）的映照下，泛着微光。黑暗的流浪行星在太空中独立运行——这在科幻小说中经常出现，但至今还没有被天文观测发现

于地表。此外，如果没有恒星的紫外线辐射，一颗地球大小的流浪行星可以很容易地维持一个主要由氢气和氦气组成的大气层。

虚拟行星

在洛杉矶一个绿树成荫的郊区，美国航天局的科学家团队正在电脑里"制造"自己的行星，这里就是虚拟行星实验室（Virtual Planetary Laboratory，VPL）。自 2001 年以来，一支由天文学家、化学家、光谱学家、气象学家等科学家组成的团队一直在创造一系列地球大小的虚拟行星，这些行星具有不同的年龄、温度、大气等特征，希望使天文学家更容易发现最有可能孕育生命的行星。

他们还希望，随着收集到越来越多系外行星的信息，实验室的科学家们能够将这些信息与他们的理论模型相匹配，从而可以为天文学家们研究系外行星提供更多的参考。

技术就是知识

30 年前，我们只知道，不管是太阳系中的其他 7 颗大行星，还是较小的矮行星，或是它们的卫星，看上去都不像是可以孕育生命的地方。但一切都发生了巨大的变化。一些行星和卫星似乎可以产生原始形态的生命，而且我们已经在外太阳系中发现了 4 000 多颗行星。

换言之，技术和技能的提高极大地促进了我们对周围其他世界的了解，也确实缩短了在其中一个世界发现某种生命形式的时间。

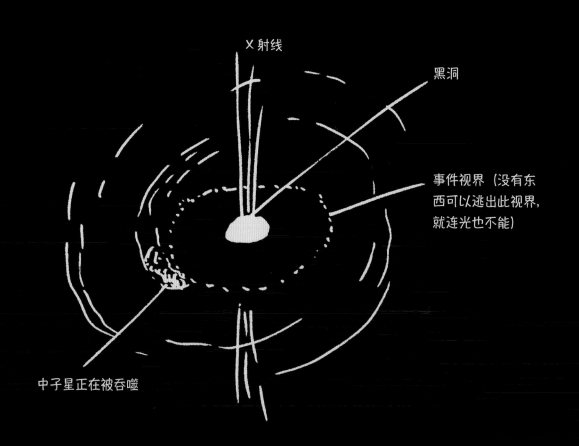

X 射线

黑洞

事件视界（没有东西可以逃出此视界，就连光也不能）

中子星正在被吞噬

第 5 章

狂 暴 宇 宙

　　若能时光穿越，不妨问问你的曾曾祖母，宇宙在她眼里是怎样的，她的回答也许和现在的情况差不多。比如你们看到的星座是一样的，行星运转是一样的，太阳和月亮当然也是一如既往地东升西落。哪怕回到 5 000 年前，其实也不会有多少不同。除了偶尔会出现的彗星、流星雨或日食，地球上看到的宇宙似乎是一成不变，而且是有规律可循的。

　　但这绝对是一种错觉。在本章中，你将看到太空中无时无刻不在发生着巨变——从恒星爆发到太阳表面翻滚的磁暴，从吞噬物质的巨大黑洞到几秒钟内放射出超过太阳一生释放能量的超新星爆发。不要以为这些只发生在遥远的角落，你会看到有科学团队正不停尝试如何从小行星的撞击中拯救地球——这也许是 30 年内就会发生的事情。

客星

我们的祖先缺乏相关的技术揭露宇宙的"暴力"本质。但在1000年前,中国天文学家的聪明才智让我们得以了解一个后来用了数百年才搞明白的事件,而新的观测仪器的问世,又为这一事件增添了新的内容。

尽管绝大多数恒星的位置看起来是固定的,但中国的天文学家注意到,有一颗新的"客星"会偶尔出现,然后又逐渐变暗直至消失。关于客星的记录最早可以追溯到公元前500年,而且相关记录非常精确。在第1章中,我们提到了最重要的一颗客星出现在1054年,由中国宫廷天文学家杨维德记录。具体出现的日期已确定为1054年7月4日,北美洲的其他证据也证实了这一点(见资料档案)。这颗客星位于金牛座,其特殊之处在于亮度和持续时间——人们甚至可以在白天,乃至正午时分看到它,亮度可能是金星的4倍。在夜空中,它只比月亮稍暗一点,是迄今为止最亮的星星。之后,它开始变暗。23天后就不能在白天观测到它了。它在夜间出现的近两年时间里,天文学家们对它进行了持续的记录。直到1056年的4月17日,也

资料档案 | 蟹状星云的诞生

北美洲的壁画帮助我们确认了1054年"客星"出现的日期。壁画中有一个手印,一轮新月和一颗星星——但也仅限于此,因为没有任何书面记录表明这幅图具体描述的是哪一个事件。但有两点证据可以证明它记录的是超新星。首先是图中的月亮。我们已经知道,1054年7月5日的时候,新月出现在几乎同样明亮的超新星附近,不过只有在北美地区才能看到。而新月和星星在白天同时出现的场景只发生过一次,可以从查科峡谷(Chaco Canyon)附近看到。虽然尚不清楚该壁画创作于何时,但壁画附近的陶器中也标记了一颗"星",这正是阿纳萨齐人在超新星出现时期所使用的一种独有的记录方式。此外,通过碳定年法,我们知道这件陶器是在1050年到1070年之间制造的。

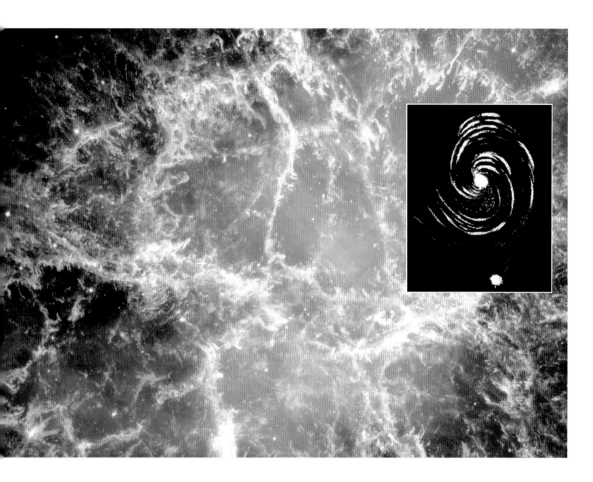

上图 使用现代望远镜拍摄的蟹状星云核心的复杂结构。小幅的插图是罗斯伯爵在 1844 年绘制的蟹状星云素描图

就是它首次出现后的第 653 天，这颗客星完全消失了。

大约 700 年后的 1731 年，英国天文学家约翰·贝维斯（John Bevis）记录了一个星云，它在天空中只是一个模糊的斑点，只有用望远镜才能分辨出来。1758 年，法国天文学家查尔斯·梅西耶（Charles Messier）在寻找哈雷彗星的时候（根据预测，哈雷彗星将于那一年回归）也发现了一个星云。梅西耶最终意识到他在金牛座看到的这个星云和贝维斯当年看到的是同一个。当梅西耶开始编撰他的星云目录时，这个星云排在了第一位，至今仍然被称为 M1（代表"梅西耶 1 号"）。当时有人对星云的本质提出了各种猜想，梅西耶称之为"像蜡烛火焰一样拉长的白光"。其他人，包括伟大的威廉·赫歇尔，则认为那是"星星的云"，如果用更大的望远镜观察还能看到星云里一颗颗的恒星。一个世纪后的 1844 年，爱尔兰天文学家罗斯（Rosse）伯爵把他的巨型望远镜转向了 M1，他有着丰富的观测经验。当时还没有天体摄影术，不过罗斯非常擅长素描。他的画显示该星云是一个带着"爪子"的椭圆形，也因此 M1 又被称为蟹状星云。

19 世纪后期，更多的技术被投入应用。首先，蟹状星云的原始光谱显示它确实是由气体而不是恒星构成的。1892 年，天文学家拍下了该星云的第一张照片。此后，光谱和照片的质量都在逐年提高，不过真正的突破出现在 1921 年，当时美国天文学家卡尔·兰普兰（Carl Lampland）在亚利桑那州弗拉格斯塔夫的洛厄尔天文台（Lowell Observatory）工作，他是最早看到冥王星的人之一。对比不同时间拍摄的照片后，他发现蟹状星云在不断膨胀。在不同的照片中，星云的大小有明显差异。但这很快就引出了一个问题：膨胀是什么时候开始的？一开始的计算表明，如果蟹状星云是从无到有膨胀起来的，那这一过程可能在大约 900 年前就开始了，计算误差在 10 年左右。最后，瑞典天文学家克努特·伦德马克（Knut Lundmark）想通了：星云出现的位置没错，而出现的时间也差不多正好是它 1054 年成为客星的时候。

蟹状星云十分巨大。目前，它的直径约为 10 光年，并正以 1 800 千米／秒的速度膨胀，而星云中的一切都是 900 年前恒星爆发喷射出的物质。一颗正在燃烧的恒星是一个很好的平衡系统：物质一方面受到恒星向内的引力牵引，同时又被恒星中心氢燃烧时产生的向外的张力所抵消。等到氢耗尽，恒星的核心就会坍缩。再之后会发生什么取决于恒星最初的质量有多大。以蟹状星云为例，它原来的恒星非常大，核心的密度异常高。巨大的压力能让核聚变反应不断进行，产生越来越重的元素和

下图 这幅 X 射线图像是开普勒超新星爆发后的遗迹。开普勒超新星在 1604 年出现，在最初的 18 个月可以通过肉眼直接观测到

右页图 恒星的核心是产生能量的区域，稍外一层是对流层，能量通过这里传递到表面。肉眼看到的太阳其实是位于太阳表面的光球层，几乎所有的可见光都是从这一层发射出来的

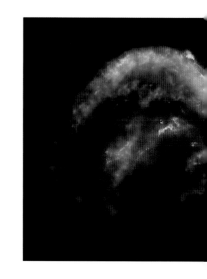

BBC 宇宙入门

越来越致密的核心。铁元素的出现成为另一个转折点：核心密度实在太大，可能在一天之内再次坍缩，并瞬间释放出巨大的能量。这样就会带来一次巨大的爆发，把大部分新合成的元素抛射到太空中，而爆发的中心则留下了一颗核心密度非常之高的恒星。这场爆发所释放的光芒，在大约 5 000 年后传到中国，被杨维德和他的同僚们忠实地记录了下来。

现在，我们把这种剧烈爆发的恒星称为"超新星"。因为恒星只有在达到特定条件时才会以这种方式爆发，所以某些类型的超新星的发展轨迹是可预测的，也因此成为天文学家的得力工具。埃德温·哈勃发现了造父变星亮度变化的规律，这类变星就成为他测量星系距离时的"量天尺"。同样地，因为超新星非常明亮，所以可以在更远的距离成为参照点，测量宇宙

的膨胀率。在之前的章节中已经讲到，有证据表明宇宙正在加速膨胀，而通过测量遥远的超新星的亮度就可以知道膨胀速度有多快。发现宇宙正在加速膨胀对宇宙学来说意义重大：第一，这表明有某种东西（神秘的暗能量）在推动膨胀；第二，我们对宇宙最终的命运有了更多了解——宇宙不会一直膨胀下去，到一定阶段后，万物都会被拉扯到近乎虚无的地步。所谓的"大撕裂"（Big Rip），可能是最后一场暴力表演。但这其实并不意味着宇宙的终结，只是宇宙将不会再以我们熟知的方式存在下去了。英国皇家天文学家马丁·里斯（Martin Rees）喜欢用伍迪·艾伦（Woody Allen）的一句名言作为总结："永恒非常漫长，在接近尾声的时候尤其如此。"

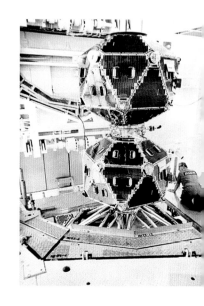

上图是在无尘室进行准备工作的维拉号 5A 和 5B 卫星。下图是一颗维拉号卫星在轨道上的照片。1979 年，该卫星侦测到突然出现的伽马射线流，也的确检测到印度洋上空出现的核试验的双闪现象。该事件的细节目前还处于保密状态

神秘的伽马射线

在整个宇宙中，形成蟹状星云这样壮观星云的恒星爆发绝不是最猛烈的。不过令人费解的是，真正的超级爆发却很难被发现，而第一个此类爆发事件的发现则纯属偶然。

冷战时期，美苏之间极度缺乏信任。两个超级大国都扩充了自己的核武库，以应对来自对方的任何可能的威胁。从第二次世界大战结束到 1953 年，两国总共进行了大约 50 次核武器试验。人们越来越担心在大气层中进行核试验爆炸可能会对健康造成影响。尽管许多人都赞成全面禁止核武器，但要让任何一方先做出让步也是绝无可能的。一直到 1963 年，双方终于达成了一项禁止在大气层中试验核武器的协议。当核弹爆炸时，会立即产生影响局部地区的危险辐射性闪光，此外爆炸还会带来放射性尘埃，在风的作用下可以扩散数千千米。在大气层中进行核试验的那段时间，产生的辐射可能已经导致世界范围内数千人的死亡。

因此，禁止在大气层中进行试验尽管对世界上的核武器数

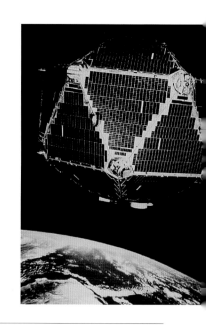

BBC 宇宙入门

伽马射线暴并不像恒星
一样向四面八方辐射能
量，而更像天空中突现
出现的手电光束或隐形
的辐射流。

——英国《卫报》

量并没有多少影响，但这至少为人们的健康提供了一定的保障。问题在于，在双方都缺少信任的情况下，要如何知道对方是否守约呢？美国担心苏联可能会偷偷地在大气层中进行试验，甚至直接将核武器送入太空。在这种充满恐慌的氛围中，甚至有人觉得月球后面也可能藏着核武器。

为此，美国决定建造维拉号卫星。该卫星于 1963 年首次发射升空，它不仅能探测地球上的核爆炸，也能检测太空中的核爆炸。维拉号既可以探测 X 射线，也可以探测伽马射线。伽马射线也是核爆炸中产生的最致命、最强大的辐射。卫星都是成对使用的，一方面是为了能覆盖整个地球，另一方面，两颗卫星同时获取的数据才能证实一起事件是否"真实发生"了。刚开始的 4 年间，卫星没有检测到什么。直到 1967 年 7 月 2 日，第一对新一代的维拉号卫星——4a 和 4b，凭借更灵敏的性能，第一次显示了伽马射线读数。

在位于新墨西哥州洛斯阿拉莫斯的维拉号卫星地面总部里，人们立刻注意到：伽马射线是来自太空的。苏联真的在轨道上引爆了核武器吗？之后发现伽马射线读数明显不符合核弹爆炸的模式，人们的担忧变成了困惑。维拉号卫星很快又获得了大量类似的数据，这样一来，就可以确定这些射线不是来自核爆炸了：没有谁能以这样的频率进行核试验。这些数据随即被列为最高机密。

1973 年，一篇论文的发表在天文学界掀起了轩然大波。该论文揭示了一种新的神秘现象，也就是后来所称的"伽马射线暴"（Gamma Ray Burst，GRB）。该论文来自洛斯阿拉莫斯开展维拉号项目的科学家。当终于确信这些不是苏联核武试验的产物后，他们将 16 个原先绝密的伽马射线暴文件解密了。这些伽马暴都带有大量能量，而且都来自太空。世界上的太空科学家们能搞清楚这些是什么吗？一年后，苏联也证实了这一结果。他们也曾担心美国会违反禁试条约，于是也发射了自己的伽马射线探测卫星，并发现了同样的现象。

伽马射线暴的迷人之处就在于没人能够对其加以解释。它们蕴含的能量令人惊异不已：很显然，辐射这么强，肯定是来自我们星系内部。20世纪70年代和80年代，对伽马射线暴感兴趣的科学家们只能寄希望于执行其他任务的卫星和航天器，由它们携带伽马射线探测器，以期能找出伽马射线暴的来源。这一目标在当时没能实现，只知道这些射线很明显不是来自任何已知的天体。后来在1991年，美国航天局发射了一颗专门用来探测伽马射线的天文卫星——康普顿伽马射线天文台（Compton Gamma-Ray Observatory）。

尽管它可以探测到来自任何方向的伽马射线，但这次新任务的目的是彻底解决银河系中这些巨大能量爆发的来源问题。究竟是哪种巨大而致密的恒星在爆发时会释放出如此巨大的能量呢? 很多人都提出了自己的猜测，但都没有相应的证据支持。在9年多的时间里，康普顿天文台观测到2700次伽马射线暴。但结果看起来总是不太对劲：科学家们预想中的爆发应该是集中在一条直线上的——我们是从边缘观测银河系平面的。但事实上这些爆发根本不是集中的，从结果上看反而是完全随机的，就好像伽马射线是来自天空的各个方向。

这个结果令科学家很难接受，因为这从理论上讲似乎是绝无可能的。伽马射线暴的强度非常大，所以很多人认为它一定来自我们星系内部或是附近的星系，不然就只能是来自非常遥远的宇宙边缘了。可是伽马辐射和其他辐射一样，在太空中扩散时会变弱。如果这种强辐射是来自非常遥远的地方，那产生这些强辐射事件的剧烈程度将是不可思议的。

爱因斯坦最著名的方程 $E=mc^2$，也许就能处理这样的问题。该方程在20世纪90年代之前就得到了验证，并被用来解释宇

下图 康普顿伽马射线天文台通过伽马射线观察到的月球图像。有意思的是，通过伽马射线观察到的太阳反倒比月亮黯淡一些

上图 在黑暗的太空中是不可能看到黑洞的，但是当附近有一颗伴星时，我们有时可以探测到黑洞的存在。黑洞巨大的引力会将恒星的物质拉到一个旋转的吸积盘中

宙中的一些剧烈事件。方程中的 E 代表能量，m 代表质量，质量乘以光速 c 的平方，这是一个巨大的数字。爱因斯坦的伟大之处就是在两者之间加上了一个等号。不过这个方程其实挺难理解，毕竟在日常生活中，能量和质量似乎怎样也不可能相等。

爱因斯坦说过，在适当的情况下，能量可以转化为质量，质量也可以转化为能量。他对于这一理论后来成为核武器的灵感来源而懊悔不已，核武器中的原子在分裂时会释放出破坏性的能量。在规模最大的物理实验中，大量的能量被转化为过去不存在的粒子（见第 24～29 页）。当大恒星坍缩时，它们的一些质量就变成了超新星的能量。可是用这个方程计算的话，伽马射线暴的能量也实在太大了，完全想象不到哪个天体在坍缩时能喷发出这么多的能量，产生从地球上都能看到的强烈伽马射线。科学家们被彻底难倒了。

拉德洛的里斯男爵

拉德洛的里斯男爵（Baron Rees of Ludlow）也就是人们熟知的马丁·里斯（Martin Rees）勋爵，出生于 1942 年，是地球上最有成就的天文学家之一，也是研究黑洞的专家。他不仅担任过剑桥大学的普鲁密安天文学与实验学教授、英国皇家天文学家，还曾是英国皇家学会的会长，这些名誉使他成为英国地位最高的科学家。里斯是第一位提出关于伽马射线暴可能起源理论的天文学家，他认为，伽马射线的辐射方式和黑洞抛出的窄束辐射类似，就好像狭窄的手电光束，或扫射海面的灯塔光束。里斯勋爵对宇宙微波背景辐射的起源和星系团及其形成的理论也作出了重要贡献。

最后，身穿闪亮盔甲的科学骑士拯救了陷入困境的伽马射线暴研究人员。他就是后来被称为马丁·里斯勋爵的英国皇家天文学家——拉德洛的里斯男爵。虽然他是英国最顶尖的天文学家，但他很少用望远镜进行观测。马丁·里斯是一位理论学家，也是研究黑洞的专家。他意识到，如果产生伽马射线暴的高能事件是由黑洞之类的东西引发的，那说不定这个问题就解决了。

里斯知道，黑洞并非向所有方向发射能量，而是从两极射出狭窄的"手电光束"。假如伽马射线暴也是以类似的方式喷发出来的呢？最初关于伽马射线暴能量的计算是假设地球上所看到的辐射来自各个方向且填充了整个宇宙。这就是为什么它看起来如此的难以解释。马丁·里斯的新理论使我们认识到：我们所看到的伽马射线暴汇聚了喷发出的几乎所有能量，这些能量都被引导至一个狭窄的光束当中了。这个观点在一定程度上让人们松了口气，因为这意味着爱因斯坦最著名的方程式不会被推翻了。不过这也意味着伽马射线暴比我们想象的要普遍得多：如果我们只是碰巧看到了那些正对地球方向而来的伽马射线束，那么肯定还有更多的射线会向其他方向发射。这些东西究竟是什么？它们来自何处？解决这些问题已经成为当今空间

上图　哈勃空间望远镜拍下了伽马射线暴的光学余辉图像。上方手指状的物体是起源星系

科学最紧迫的任务之一。

伽马射线暴全球预警

2006 年，一个强大的新工具开始了追寻伽马射线暴起源的任务，那就是雨燕伽马射线暴任务（Swift Gamma-Ray Burst Mission）。雨燕是有史以来反应最快的空间望远镜之一，是一个全球快速反应特别工作组的核心工具，旨在彻底查明这些高能辐射的真相。伽马射线暴持续时间非常短，通常只能持续三分之一秒甚至更少的时间，长一点的平均也只有 30 秒左右。你要怎么对一个在你察觉到之前就已经结束的事件进行研究呢？

此外，天文学家最想知道的一点就是，伽马射线暴的发射源离我们有多远。天文研究中的测距通常是由红移完成的，通过对光的分析，观察它在穿越不断膨胀的宇宙的旅程中向光谱的红色端偏移了多少。但是对伽马射线，却不能进行红移检测，因为这么做的条件是要有光线。幸运的是，上面提到的两大难题都可以通过所谓的"光学对应体"来解决。不过前提还是要够快。

尽管发出伽马射线的物体本身并不会发出可见光或任何其他形式的光，但强烈的射线爆发可以使其他物体发光。当伽马射线暴撞击尘埃和气体云时，它们会发光，形成一种光学余辉，

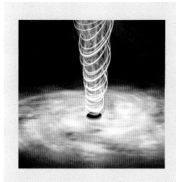

资料档案　｜　黑洞

所有的恒星在燃料耗尽时都可能会坍缩，但只有较大的恒星才会形成黑洞。一旦恒星坍缩成一个奇点——一个似乎包含了恒星所有质量的点，强大的引力就可以从周围吸积其他物质。但这一过程似乎不会在黑洞的各个方向进行，而是通过围绕黑洞旋转的吸积盘发生的。黑洞吸收物质，但旋转圆盘中产生的热量也会导致黑洞发射垂直于圆盘平面的窄束 X 射线来释放能量，很像手电发出的光束。

而这种余辉是可以观测到的。更重要的是，这种余辉有其自身的特点：它会先从高能 X 射线开始，逐渐变成紫外线，然后是可见光，接着是红外线，最后变成无线电波。这种电磁辐射强度的下降，就像人的手指在钢琴琴键上从右向左滑动一样，可能持续几分钟或几小时——最多可达数日。

地球上的望远镜虽然观测不到伽马射线，但如果能观测到这种余辉那也是一件非常棒的事情，这样也许就能知道发生了什么。但这些望远镜必须在伽马射线暴出现的几分钟内就得到消息，而这也正是雨燕计划设立的目的。如果你是一名参与该计划的科学家，这个方法非常简单和现代：雨燕卫星会直接通过电话与你联系。

英国莱斯特大学的雨燕总部是一个标准的办公室，看起来和其他办公室没什么不同。但每隔 10 周，它就会成为全球伽马

下图　亚当与雨燕计划中来自莱斯特大学的英国总部主管——朱利安·奥斯伯恩（Julian Osborne）博士见面的照片。中间是一款新型尖端望远镜的模型

BBC 宇宙入门

上图 作为一名"伽马射线暴大使",如果有必要,金·佩奇(Kim Page)博士必须在半夜接听雨燕卫星的电话

我们通过手机接收来自雨燕卫星的信息。

——金·佩奇
英国伽马射线暴大使

射线暴探测网络的中心。莱斯特大学的团队与世界各地的其他团体会轮流成为"伽马射线暴大使",他们的工作是 24 小时随时待命,一旦雨燕卫星发现伽马射线暴,他们就需要在几分钟内评估这次爆发是否有特别之处,是否有必要提醒世界其他地方暂停望远镜当前的工作,以期捕获伽马射线暴产生的余辉。

当我们访问莱斯特大学时,佩奇博士正好要成为本周的"伽马射线暴大使"。她提前给我们打了预防针:虽然通常情况下,雨燕卫星每周都会发现一个或多个伽马射线暴,但也可能一次都没有。她答应一旦出现伽马射线暴就会联系我们。之后的 6 天里什么都没有发生。不过那周的最后一天,电话终于响了,她听起来很兴奋。那天下午,雨燕不仅发现了伽马射线暴,而且还是非常特别的一个。我们闻讯后立马赶回了莱斯特大学。

爆发时间为 2006 年 11 月 21 日下午 3 点 22 分,雨燕卫星的自动化系统立即做出反应,先是调整卫星方向使望远镜转向伽马射线暴,然后给地面人员拨打电话。因为这次爆发不是在半夜,佩奇博士和她的上司朱利安·奥斯伯恩博士都接到了一个电话。奥斯伯恩博士也立刻来到了雨燕办公室,准备向全世界发出警示。尽管雨燕卫星的反应已经非常迅速,佩奇博士还是有点坐立难安。很快她又收到了一封来自雨燕的电子邮件,包含了此次伽马射线暴的记录、第一张图片和一条光变曲线。其中光变曲线显示了伽马射线暴的亮度是如何随时间变化的,证实了雨燕卫星观测到的的确是伽马射线暴。这次发现的伽马射线暴非常特别。雨燕似乎是被一个小小的"预爆发"触发的,这是真正爆发之前的一个小波动。这使得它有足够的时间旋转到位,并开始用两个望远镜拍摄图像——第一张 X 射线图像拍摄于警报发出后的第 55 秒。真正的大爆发出现在 74 秒后。这是雨燕卫星第一次在伽马射线暴发生时就已经调整好方向并把所有仪器都对准了爆发点。

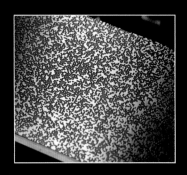

爆发警示望远镜精巧的金属阴影罩是由 54 000 块随机排列的铅瓦组成的。每一块铅瓦都是手工铺就的

X 射线望远镜实际上是一件"二手"仪器。它的反射镜和硅基多通道阵列探测器原本都是为其他任务设计的

这是紫外 / 光学望远镜在无尘室进行准备工作的照片。紫外 / 光学望远镜的体型比大多数专业望远镜都小，但可以精确地定位伽马射线暴

雨燕卫星

雨燕卫星是一个空间天文台，专门研究伽马射线爆发及其余辉，它可以在伽马射线、X 射线、紫外线和可见光波段进行观测。雨燕卫星由 3 个主要的科学仪器组成。

爆发警示望远镜

爆发警示望远镜（BAT）是雨燕卫星的伽马射线探测器。伽马射线不能通过聚焦形成图像，所以爆发警示望远镜用射线流的阴影成像。来自太空的伽马射线会经过一个金属阴影罩，比下方 1 米处的电子探测器要大，所以从不同方向进入的射线会在探测器上投射出独特的图案，雨燕卫星由此定位爆发的方向。

X 射线望远镜

X 射线不能通过传统的玻璃透镜或镜面聚焦，因为 X 射线会直接穿透而不产生相互作用。但是 X 射线确实可以以很窄的角度被镜子反射，所以 X 射线望远镜（XRT）会使用一系列同心圆的镜子，每一面镜子都和入射的 X 射线近乎平行。

紫外 / 光学望远镜

紫外 / 光学望远镜 (UVOT) 是雨燕卫星上最常规的仪器，它是一个尺寸为 30 厘米的反射望远镜。顾名思义，该望远镜可以在可见光和紫外线下拍摄图像。如果紫外 / 光学望远镜探测到伽马射线暴产生的余辉，它可以比其他任何一种仪器更精准地确定位置，这对于地球上那些想要观测余辉的大型望远镜来说是非常重要的。

回转系统

快速将 X 射线望远镜和紫外 / 光学望远镜移动到伽马射线暴发生方向的过程称为"回转"，雨燕卫星的设计是，系统检测到伽马射线暴的几秒钟内会自动回转。回转是通过反作用轮完成的：重型轮连接在电动机上，这样当轮子朝一个方向移动时，卫星就会朝另一个方向移动。

从上方看雨燕卫星，顶部是爆发警示望远镜，其下的左侧是紫外/光学望远镜，右侧是X射线望远镜

雨燕卫星转向伽马射线暴。卫星的回转系统完全由太阳能电池板供电

　　下图就是佩奇博士的电话，屏幕上是 X 射线望远镜拍摄的 061121 号伽马暴的照片。佩奇博士在雨燕卫星刚刚探测到伽马射线暴时就马上接到了这个自动打来的电话，随之而来的照片显示伽马射线暴已经被记录和定位了，并有进一步追踪探测的价值。后来研究发现，这次伽马射线暴事实上是 X 射线望远镜记录到的最剧烈的一次爆发。

　　拿到第一张照片和光变曲线后，佩奇博士通过办公桌上的一个扬声器电话联系了世界各地的雨燕团队。短短几分钟内，来自意大利和美国的团队都接入了电话会议，急切地想知道发生了什么。他们很快达成一致意见，即佩奇博士应该向天文学界的其他人发送一封警示邮件。邮件于下午 3 点 39 分发送，也就是雨燕卫星拨打第一个电话的 20 分钟后。

　　全球所有的天文学家都停止了他们手头的工作，将望远镜对准了爆发点。雨燕卫星观测到爆发的 20 秒后，澳大利亚赛丁泉天文台（Siding Spring Observatory）的天文学家拍下了爆发的照片。他们之所以能先人一步是因为天文台的望远镜会自动响应来自雨燕卫星的信号，并在佩奇博士的电子邮件发出前就拍摄了照片。几分钟后，位于夏威夷（当时处于黎明时分）

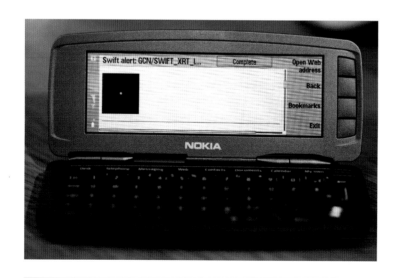

BBC 宇宙入门

的 2 米口径的福克斯北望远镜（Faulkes Telescope North）接收到雨燕的自动信息，也观测到爆发，并确认了其位置。同样在夏威夷，拥有世界上最大望远镜的凯克天文台（W. M. Keck Observatory）成功地捕捉到了爆发产生的光学余辉。

几分钟内，它进行了更详细的观测，并测量了余辉的红移，表明爆发发生地在 100 亿光年之外。随着夜幕的降临，不断有更多的望远镜加入观测行动，最终来自日本、美国、俄罗斯的望远镜，甚至其他空间望远镜都传来了进一步的报告。这是雨燕计划开展以来最受"关注"的伽马射线暴之一，部分原因是这一次出现了独特的前后两次爆发，同时也因为它的亮度非常高，从而出现了良好的光学余辉。雨燕卫星持续进行着追踪观测，一直到爆发出现后的第 26 天，即 12 月 17 日。

要真正理解一场伽马射线暴的剧烈程度并不容易。伽马射线暴爆发的几秒钟内释放的能量比太阳一生释放的能量还要多。换句话说，爆发时的亮度是太阳亮度的一百万万亿倍（10^{18} 倍）。现在，佩奇博士、奥斯伯恩博士和他们在世界各地的同行已经证明这些高能爆发是在很远的地方发生的，有人开始猜测它们可能的产生原因。持续时间较长的伽马射线暴（长暴）似

右图　光变曲线突然出现一个高峰，表明雨燕卫星探测到了一场伽马射线暴。这成为佩奇博士需要向全世界研究伽马射线暴的天文学家发出警示的唯一依据

左页图　2006 年 11 月 21 日，佩奇博士的手机收到了第一张061121 号伽马射线暴的照片

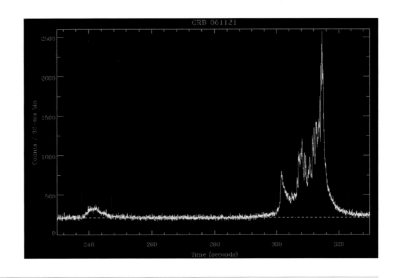

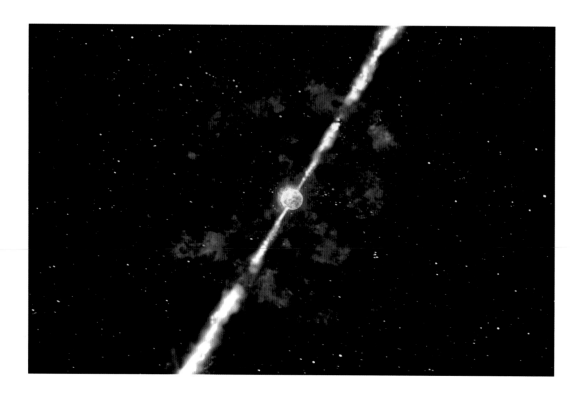

乎和恒星的死亡相关，但这种恒星的质量远大于典型的超新星，所以科学家称它们为"极超新星"（hypernova）。这些巨大恒星的核心会坍缩成一个黑洞，而外层部分会发生爆发。刚知道它们发生的距离十分遥远的时候，科学家们更加迷惑不解了，因为这些即将死去的巨星似乎就位于它们诞生的地方，也就是所谓的"恒星托儿所"。现在看来，它们巨大的尺寸意味着这些恒星的生命周期非常短暂，从诞生到死亡非常之快，所以它们就死在了出生的地方。较短的伽马射线暴（短暴）则依然是一个谜，有可能是中子星碰撞时产生的现象。

　　我们对这些巨能爆发现象有所了解的时间并不长。50年前，甚至没有人认为它们可能会在现实中存在。军用卫星的偶然发现揭开了这个现代天文学中最大的谜团，其爆发规模之大似乎违背了物理定律。而现在，对它们的侦测几乎每天都在进行，全球范围内专门有一批科学家组成了联合行动网络试图破解它

上图　一个大质量恒星坍缩产生的伽马射线暴。两股射线从核心以光速喷发出来。恒星坍缩产生了黑洞，这些射线流就是由黑洞周围的磁场形成的

们的奥秘。

银河系中心

在夜晚依然灯火通明的城市出现之前，银河是夜空中最具辨识度的特征之一。早期关于宇宙和地球在其中所处位置的旧理论不能充分解释这条横跨天空的银白丝带。直到 1750 年，一位来自英格兰北部达勒姆郡的数学家出版了一本了不起的书。托马斯·赖特（Thomas Wright）是一位教师，也是一位天文学爱好者，他编写了一本插图丰富的书，而且给自己的著作取了一个毫不谦逊的名字：《宇宙的原始理论或新假说》（*An Original Theory or New Hypothesis of the Universe*）。我们不知道他是如何得出这些理论的，但他的确是最早将夜空与我们的观测方式相联系的人之一。

简单地说，他认为银河系是一种视觉上的错觉。他认为，如果地球位于一个恒星带中，并且如果我们沿着这条恒星带的短边看，可以看到的恒星会很少。而如果沿着恒星带的长边看，我们就会看到许多星星。所以银河系不是什么特殊的天体，它只是我们从星星很多的角度（长边）观测到的结果。

资料档案 ｜ 赖特的宇宙

这是托马斯·赖特于 1750 年出版的著作《宇宙的原始理论或新假说》中两幅银河系的插图。他意识到，如果恒星分布不均匀，那么从一个方向上比另一个方向上看到的恒星更多这一事实就可以解释银河系的形状了。他对我们观察天空的视角的解释，第一次表明我们是银河系的一部分。在他的书中，赖特展示了一个充满了像银河系这样的独立恒星系统的宇宙，这是一个了不起的设想，因为宇宙中只有一个星系的理念一直持续到 20 世纪 20 年代。每个恒星系统中心的"全视之眼"插图则纯属幻想。不过有新证据表明，银河系的核心的确暗藏着某些东西。

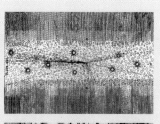

虽然赖特关于地球在恒星群中位置的观点非常了不起，但他却错判了银河系的形状——他认为我们是在一个由恒星组成的球形"壳"中（想象一个蛋壳的形状）。在他的宇宙理论发表后不久，德国哲学家伊曼纽尔·康德（Immanuel Kant）和后来的威廉·赫歇尔发现我们的银河系是盘状的。虽然形状已经搞清楚了，但要知道银河系的中心有什么还得再等 250 年。

从地球的南半球观测银河系，方向是对着银河系中心的，但是目前还没办法从这里观测到更多。这里的星光不仅最为密集，而且我们的视线会被气体和尘埃云所遮挡。因此，虽然我们已经可以观测到一百亿光年以外的星系，却无法看清银河系中心的恒星。赖因哈德·格策尔（Reinhard Genzel）教授是探索银河系中心的领头人物之一，负责运营著名的位于德国加兴的马克斯·普朗克地外物理研究所（Max Planck Institute for Extraterrestrial Physics，简称"马普所"）。他在银河系中心的探索上至少投入了 15 年时间，但这些投入是值得的，因为他发现了一些规模巨大且异常剧烈的东西。

银河系的中心位于人马座的右边。令人失望的是，因为有

左图　赖因哈德·格策尔颇有幽默感，他希望自己的组织有一个不同的名字，这样他就不用总是回应人们关于 E.T.（外星人）[15] 的笑话了

BBC 宇宙入门

漆黑的尘埃云遮挡，人们无法观测到任何位于中心的天体，也不能探测到里面有什么。这些年来，射电天文学家获得了非常清晰的图像，发现银河系中心的活动非常频繁，不仅有着奇特的丝状结构，还有一个被称为"人马座A"（Sagittarius A）的巨大无线电波源。进一步的研究表明，在这一大片出现无线电波的区域中，存在着一个更小但更强烈的无线电波源，被称为"人马座A星"（Sagittarius A*）。它的亮度虽然不是特别高，但它却是银河系真正的中心，这也是赖因哈德在20世纪90年代早期重点关注的地方。为了观测人马座A星，他们使用了世界上最大的望远镜，其中就包括甚大望远镜，借助红外线拍摄了银河系中心附近的恒星。

尽管这些照片表明可以利用红外线穿透气体和尘埃来观测银河系的中心（这一点的确令人印象深刻），但照片本身并没有什么特别之处。以这种方式进行观测需要极大的耐心，赖因哈德对同一个位置持续拍摄了16年之久。最终他的耐心得到了回报。他把拍摄的照片组合起来做成了一部电影，每一张照片都是一帧画面，讲述了16年来银河系中心所发生的故事。最终出来的效果非常震撼：6颗巨大的恒星围绕着中心看不见的天体旋转，就像游乐场的旋转木马一样，先慢慢旋转，然后高速旋转。这些恒星显然是绕着某个天体运行的，而且这个天体一定很大，因为恒星的运行速度高达500万千米／时。赖因哈德的部门举行了一个庆祝活动，庆祝大家看到了第一颗完整运行了一周的恒星，这一过程整整历时16年。

银河系中心那看不见的天体产生了如此巨大的引力。为了让这些恒星像赖因哈德的影片中那样运转，中心天体的质量至少要达到太阳的260万倍。这个庞然大物就是黑洞。为了保证你不会把这个黑洞与由恒星坍缩形成的"普通"黑洞搞混，他们给它取了个名字——超大质量黑洞，它来源于更庞大的天体。

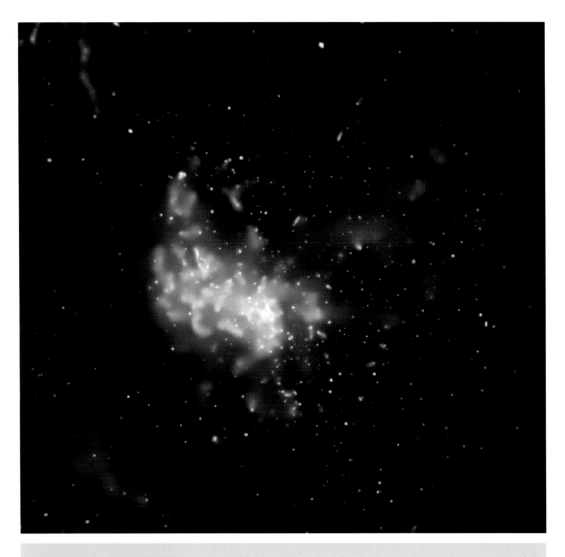

似乎大多数星系的中心都有超大质量黑洞。左图显示的是从 M87 星系中心的一个黑洞发射出的双极喷流。黑洞可能会以某种方式驱动着星系。目前尚不清楚黑洞是如何形成的，或者说星系和黑洞哪个先出现。这些问题可能要等到我们搞清楚暗物质如何参与星系形成之后才能得到解答。当科学家们构建虚拟宇宙时（见第 1 章），星系是围绕着暗物质团形成的；暗物质会形成某种我们无法观测到的结构，但这种结构对可见物质的聚集方式有着巨大的影响。我们现在可以看到银河系中心的黑洞了，但要得到更多的信息可能还要再等一段时间。

以往关于巨型黑洞存在的证据都是间接的：某种现象只有超大质量的黑洞才能解释。但最近人们发现银河系中心周围的一些气体云正被吸入黑洞。赖因哈德说这是黑洞在吃"零食"，有时还会打嗝——当东西在黑洞里消失时会出现一道闪光，之后一切都重归黑寂。

暴躁的邻居

我们的太阳至少要再大 20 倍才有可能形成一个普通的黑洞。但是，当它耗尽燃料时，仍然会表现得有 点"暴力"：它会首先膨胀成一颗红巨星（并吞噬地球），然后坍缩形成一颗明亮的白矮星，最后逐渐消失。我们可以观察其他恒星，观察它们是如何诞生和死亡的，然后看我们的恒星处于哪个发展阶段，就可以推测出太阳的未来。从这个视角来看，我们会发现它其实是一颗非常普通的恒星。但对理查德·哈里森（Richard Harrison）教授来说，太阳是完全独一无二的，因为它是我们唯一能够详细研究的恒星。

1873 年 1 月 9 日的《芝加哥论坛报》（Chicago Tribune）刊登了一篇文章，报道了一场强烈而古怪的雷暴导致电报系统瘫痪的事件（见第 174 页资料档案）。1859 年，一场更大的雷暴引发了火灾。更近 些的时候，也就是 1989 年 3 月，加拿大魁北克水电站的电网中断了 9 个多小时，造成了极大的影响，经济损失达数百万美元。

1873 年的那场雷暴令人困惑不已，当时没有人知道这种剧烈的雷电活动会和太阳有关。理查德·哈里森在牛津郡的卢瑟福·阿普尔顿实验室（Rutherford Appleton Laboratory）里监测太空天气。这个空间气象站是由一些回收的设备拼凑而成的，其中一些设备来自 20 世纪 60 年代，曾是阿波罗计划在西班牙的紧急着陆场的组成部分。现在，这些设备可以显示来自 ACE

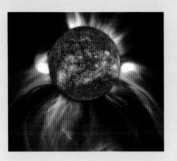

以下内容摘自 1873 年 1 月 9 日的《芝加哥论坛报》。"电波——对电报员来说是个麻烦事，它们的波长是可变的，持续时间也从 1 秒到 1 分钟不等。有时电波与电线上的电流汇集，形成的巨大能量会击穿仪器设备，烧掉电线的绝缘层，熔化黄铜机械的四角。还有电闪雷鸣时展现出的惊人力量……在大型电报局里，许多电线都集中在一个普通的开关板上，铜带和铜面经常被几条电线之间不断交替的闪光照亮，只要不碰它就没有危险，而且看上去非常迷人，尤其是在晚上……这些雷暴的到来不会有任何征兆，它们的离去也同样突然……"

卫星（先进成分探测器）的数据，该数据是通过实验室外巨大的接收盘接收的。实验室希望能够迅速对剧烈雷电活动做出预测，从而向电力和通信公司发出预警。和维多利亚时代相比，我们现在面临的危险要大得多：那时候，人们只有几条电报线，而现在我们有广泛的电网、卫星和互联网，这些都容易受电磁活动的影响。

但是太阳和电有什么关系呢？正如本章中的其他事件一样，科技的发展让我们逐渐认识到太阳真实的一面，使我们能够从一个新的角度来看待它。关于太阳，最明显的特点就是它的亮度：太阳实在太过耀眼，人们用望远镜直接观察会有失明的危险。研究太阳的科学家所面临的问题是，太阳的表面，即所谓的光球层，由于亮度太高，以至于很难看到太阳表面上更有意思的东西。

除了太阳黑子看起来会有些突兀外，太阳在可见光下似乎显得非常光滑且稳定。给太阳望远镜加上合适的滤光片后，你就会看到一幅完全不同的画面：在氢气燃烧的炽热光芒下，太阳表面似乎在沸腾。而用紫外线观测会看到更剧烈的活动——理查德·哈里森形容这个画面看起来像一盘扭动的意大利面，

右页图 紫外线下可以见识到一颗真实而狂暴的太阳。这一系列的照片是 SOHO（太阳和日球层探测器）在 2000 年 2 月于 1 小时内拍摄下的日冕物质抛射的场景。一次抛射可以喷射出数亿甚至上百亿吨的粒子，速度可达数百万千米每小时

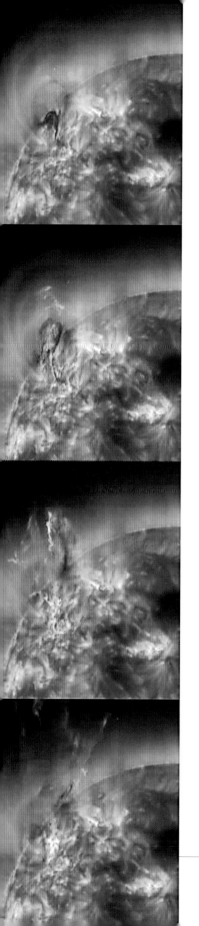

这个描述相当贴切。太阳表面喷发出明亮的圈和环状物，它们不断增长、扭曲，有时还会断裂。有些会长得特别巨大。而当它们断裂的时候，太阳表面会突然向太空中喷发出火焰。这到底是怎么回事呢？

第一个谜团是太阳大气的超高温度。我们能看到的那部分，也就是太阳表面，只有 6 000 ℃。但是太阳表面上方的大气轻轻松松就可以达到 1 000 000 ℃。原因尚不清楚。要更好地理解那些环状物，不妨想想磁铁。你可能已经知道如何用铁屑来显示磁场：在一张纸的下面放一块磁铁，把铁屑撒在上面，它们会沿着磁场的环状线排列。不可思议的是，这样的事情也发生在太阳上，只不过在这里铁屑变成了带电粒子。理查德·哈里森说，滚烫的等离子体一直试图从太阳中喷发出来，但往往被磁性的"弹性带"所束缚。有时这些"弹性带"会扭曲或断裂，这时太阳就会变得很危险。

SOHO 是一个持续监测太阳的卫星，拍摄了很多精彩的展现太阳剧烈活动的照片。10 多年来，理查德在卢瑟福·阿普尔顿实验室的团队一直在参与 SOHO 项目。太阳不是固体，而是流动的，物质扭曲和旋转的方式似乎控制着太阳活动的周期。每 11 年，太阳风暴和物质爆发会达到一个峰值。最近的一次峰值是 SOHO 卫星在 2003 年的万圣节观测到的，当时的太阳活动，如耀斑喷发和物质抛射，比平时更加猛烈。其中特别有意思的一个现象是日冕物质抛射（CME）。在长度上，它们是太阳直径的好几倍，可以向太空延伸数百万千米。一次日冕物质抛射可以抛射出数亿吨的气体。这对太阳来说当然不值一提，但如果这些气体冲着地球来的话，可能会造成不小的麻烦。

要是看到过太阳喷发的规模和猛烈程度，你会非常庆幸地球有磁场提供保护。地球磁场有屏蔽的作用，就像一个盾牌，使大部分"太阳风"以及太阳耀斑和日冕物质抛射喷发出的一些物质偏离地球。没有磁场的保护，地球上就不可能有生命。辐射和带电粒子流会损伤细胞，尤其是 DNA（脱氧核糖核酸），导致生物产生基因突变和癌症。

尽管 SOHO 拍摄了很多精彩绝伦的照片，但它还是有一个很明显的局限性，那就是它像地球上的太阳望远镜一样只能直接观测太阳。SOHO 拍摄照片的方式有两种：其一，为了观察靠近太阳表面的大气，它使用滤光片过滤掉强烈的可见光，显示出 X 射线和紫外线；其二，为了拍摄到被太阳猛烈抛射出的物质，它会制造人工日食，用一个叫作日冕仪的圆盘挡住明亮的太阳，这样就能展示耀斑和日冕物质抛射进入太空的"横向"流动。但这也就意味着向地球运动的炽热气体会因为太阳大气层太过明亮而无法被观测到。理想状况是能够在日地连线的侧面拍摄一张横跨日地之间的照片。而两个新的航天器已经让这一美梦成真了。

日地关系天文台（Solar Terrestrial Relations Observatory，STEREO）于 2006 年底升空，并释放了两颗朝相反方向远离地球的卫星。两者互相配合，同时给太阳进行拍照，照片通过组合可以得到 3D 效果的图像。一颗卫星上的照相机会像 SOHO 那样直指太阳，另一颗卫星的照相机则从侧面观察到达地球的气体，这些照相机都由理查德·哈里森的团队提供。当我们于

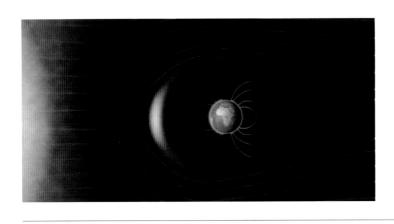

左图　地球的磁场被称为磁层，它可以向外延伸到遥远的太空中。太阳风的压力会挤压向日面的磁层，而在背日面则会被拉伸成一条长长的尾巴——磁尾

上图 两颗卫星离开地球的场景。左下角的插图是 STEREO 拍下的首张日冕物质抛射直冲地球的天文景观照片，也是天文学史上的第一张

2007 年 1 月去他们那里参观时，其中一台照相机正好是第一次开机运作。尽管还没有很好地调试过，它还是记录下了一次巨大的日冕物质抛射，当时它正向地球方向高速移动，抛射距离超过了 1 000 万千米。这是前所未见的。理查德希望等两颗卫星上的照相机都开始工作时，可以详尽地了解到一场以高达 2 000 千米／秒速度前进的日冕物质抛射从离开太阳到抵达地球的全过程。

碰撞路线：地球

我们已经看到，关于活跃甚至狂暴宇宙的观测证据已经完全打破了人们对宇宙"一成不变"的认知。而之前写到的种种剧烈的事件大都离地球非常遥远，但不意味着我们会永远安全无虞。2005 年 12 月 7 日，《卫报》的头条新闻明白无误地传递出这样一条信息："它的名字叫'阿波菲斯'（Apophis），直

径 390 米，可能在 31 年后撞击地球。这里的'它'是一颗小行星，一块太空岩石，是美国航天局的'太空警卫'（Spaceguard Survey）巡天计划在 2004 年 6 月发现的。'阿波菲斯'这个名字来自埃及神话，是一个会让世间坠入永恒黑暗的邪神。这颗大石头宽度达'390 米'，如果撞击地球可能会'影响到数千平方千米的范围'。目前看起来，一切都糟透了，我们唯一的希望似乎就寄托在'可能'二字上，当然还需要勇敢的科学团队为此而努力。"

当一颗进入内太阳系（指太阳系中太阳和小行星带之间的区域）的小行星首次被发现时，我们很难确定它的行进方向，因为那时它通常离地球很远，也因此很难判断它是否会成为近地天体（near-earth object，NEO）。阿波菲斯就是这样一颗小行星，当它不断靠近时，观测人员试图确定它的前进轨迹。到 2004 年 12 月，情况突然变得不妙，有报道指出，它在 2029 年 4 月 13 日有 1/37 的机会撞击地球。这是迄今为止，小行星撞地球概率最高的一次。不过像这样出现在报纸上的消息，人们往往不太当回事儿，《卫报》的头条新闻看上去更像是一个玩笑。然而，你要是看看月球表面，可能就会更慎重地看待这些威胁了：

上图　堂吉诃德任务的轨道飞行器"桑丘"，它负责记录撞击器与小行星撞击的过程

中图　桑斤在调整轨道

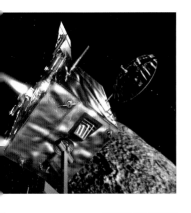

下图　撞击器"伊达尔戈"正向目标行进

月球上布满了数千次撞击留下的伤疤。地球和月球在空间位置上非常相近，而且由于地球体积更大，遭遇过的撞击次数甚至比月球还多。而这些痕迹只不过是在地质变迁的过程中被抹去了而已。

欧洲空间局已经决定采取行动——尽管不是针对阿波菲斯。该机构将执行一项测试任务，让一颗真正的小行星偏离轨道，而不会引发任何危险。堂吉诃德任务的目的是试验这项技术，以便我们在真正的杀手小行星到来时能做好准备。但如何才能使小行星偏离轨道呢？堂吉诃德团队已经权衡了各种选择。

选项　.用炸弹炸掉小行星可行吗？虽然听上去像是好莱坞大片的桥段，但这种方法可能并不能拯救地球，因为小行星炸毁产生的碎片还是有可能撞上地球。这么做，可能会因为碎片的扩散反而增加了地球被撞的概率。

选项二：用火箭将小行星推离原先的轨道。这种做法可控程度高，而且不会摧毁小行星。但实际难度似乎很高，因为这必须要把火箭和燃料运到小行星上并牢牢地附着在上面。物理学法则告诉我们，即使很小的推力也可以移动一颗体积较大的小行星。但我们担心的是，小行星撞击的预警时间可能来不及让这种方式奏效。

选项三：把小行星涂成白色。这是最简单的方法，依靠阳光照射在白色油漆上产生的压力(即光压)来使小行星偏离轨道。然而，太阳光所施加的力很小，而且似乎不太可能有足够的时间使之生效。

选项四：用一个很重的高速抛射物把小行星击出轨道。小行星会像台球被母球击中一样偏转。这种方法相对简单，不需要把任何东西固定在小行星上。这种方法的问题在于，你只有一次机会，一旦射偏，地球就完蛋了。幸而已经有人尝试过类似的做法了。2005 年 7 月 4 日，美国航天局将一个洗衣机大小的探测器射向一颗彗星。尽管这次深度撞击任务被描述为"用子弹 A 命中子弹 B，子弹 A 还是从子弹 C 里射出的"，但任务的结果却是非常成功的。

堂吉诃德任务最后选择了"一击致命"，并于2007 年进入设计阶段。计划中会部署两个航天器：一个是叫作"桑丘"的轨道飞行器，另一个是叫作"伊达尔戈"的撞击器。桑丘将围绕小行星运转，随时准备在伊达尔戈高速接近小行星时拍照。最大的挑战在于伊达尔戈是否能够通过相机跟踪目标来调整其轨道，从而成功命中小行星。小行星的偏转必须在离地球很远的地方进行，而那样的话将无法利用无线电进行导航控制，因为无线电信号需要很长的时间才能送达。所以桑丘和伊达尔戈只能靠它们自己完成所有的任务。尽管堂吉诃德任务一时间声名大噪，但后来该任务一直处于搁置状态，没有任何后续进展。

在本章描述的所有暴力宇宙事件中，小行星撞击是唯一对我们的星球有真正和直接威胁的事件。人类这一物种在未来是否还能延续，可能取决于我们是否能够利用技术来防止小行星撞击地球，而这在几年前，人类就只能束手无策，听天由命。

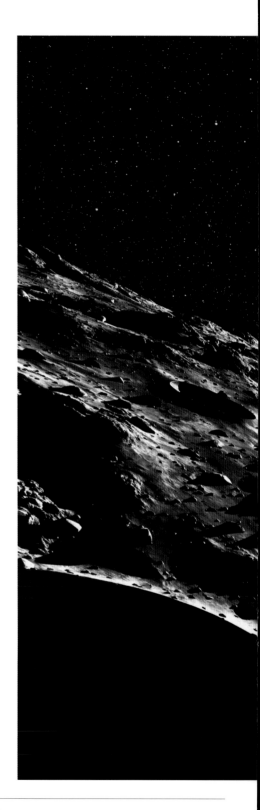

右页图
拉西亚天文台（La Silla Observatory）发现了一颗位于土星和天王星之间的小行星 Chariklo，它被两条密集而狭窄的环所包围。这是迄今为止发现的最小的具有光环的天体，也是太阳系中继木星、土星、天王星和海王星之后第 5 个具有这一特征的天体。这些环的起源仍然是个谜，但它们可能是由碰撞产生的碎片盘形成的

拯救地球

想象一下，地球正面临着来自外太空的致命威胁：一颗大质量小行星正朝我们飞来，我们能使它偏转吗？在我们的冰上实验中，冰壶代表着这颗致命的小行星。哪种方法更有可能拯救地球呢？这里的第3个场景曾计划由欧洲空间局的堂吉诃德任务在一颗暂无威胁的小行星上进行测试。该任务由两个航天器组成，第一个叫桑丘，将使用一台氙离子引擎推进至小行星附近并进行几个月的连续观测。第二个叫伊达尔戈，将在适当的时候向小行星发起"冲锋"。随后，桑丘将检查小行星的轨道产生了多大程度的偏离。

主持人玛吉·阿德林（Maggie Aderin）和一位申请参与堂吉诃德任务的科学家贾森·杜赫斯特（Jason Dewhurst）。这只是一次演练，这样在地球真正面临威胁时，我们才能严阵以待。

在场景3中，堂吉诃德任务中的撞击器伊达尔戈将以10千米/秒的速度接近小行星，这速度相当于36000千米/时。

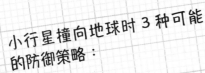
小行星撞向地球时3种可能的防御策略：

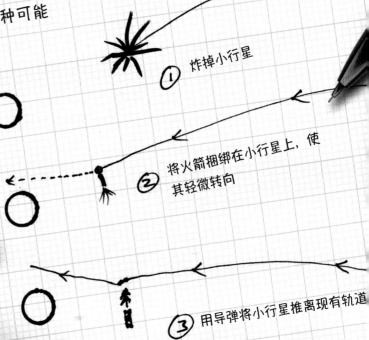
① 炸掉小行星
② 将火箭捆绑在小行星上，使其轻微转向
③ 用导弹将小行星推离现有轨道

堂吉诃德任务的名字来自于
虚构的西班牙骑士堂吉诃德 [16]，
他以为风车是巨人，而向风车
发起冲锋。桑丘是他的侍从，
他更喜欢在安全的距离处
望，这也正符合桑丘
测器的使命特征。

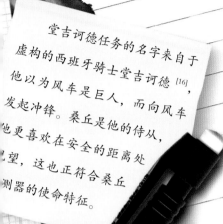

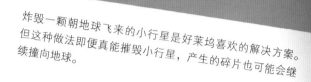

炸毁一颗朝地球飞来的小行星是好莱坞喜欢的解决方案。
但这种做法即便真能摧毁小行星，产生的碎片也可能会继
续撞向地球。

另一种可能的策略是给小行星安装火箭发动机使其偏转。
将火箭及其燃料送入太空是一项挑战，而且要靠机器人把
火箭安装在小行星上。如果小行星出现翻滚或者旋转（它
们的确会如此），又该怎么办呢？

一名冰球运动员展示了堂吉诃德任务的工
作原理：用一个高速抛射物使小行星偏离
轨道。

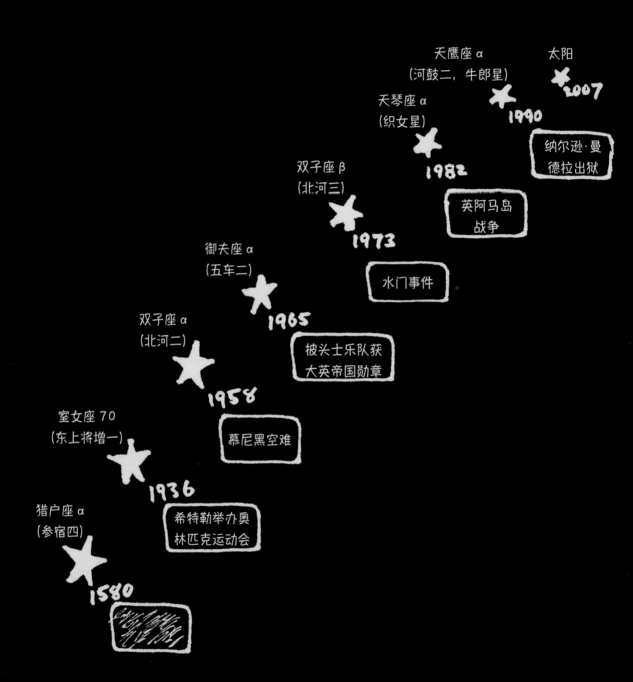

天鹰座 α
(河鼓二，牛郎星)

太阳
2007

天琴座 α
(织女星)

1990

纳尔逊·曼
德拉出狱

双子座 β
(北河三)

1982

英阿马岛
战争

1973

水门事件

御夫座 α
(五车二)

1965

双子座 α
(北河二)

披头士乐队获
大英帝国勋章

1958

室女座 70
(东上将增一)

慕尼黑空难

1936

猎户座 α
(参宿四)

希特勒举办奥
林匹克运动会

1580

第 6 章

我们是唯一的吗

　　我们在宇宙中是唯一的吗？这个问题一直让人们为之着迷。人类已经在地球上生活和进化了大约 400 万年。现在，科学技术日新月异，人类可以在宇宙的其他地方寻找其他智慧生命，或至少是其他生命体。我们生活在一颗小小的岩质行星上，它绕着一颗普普通通的恒星旋转。很可能还会有其他相似的行星围绕着其他相似的恒星旋转：这不仅因为我们的银河系中就有 1 000 亿颗恒星，更因为宇宙中像银河系这样的星系还有 1 000 亿个。想必某些地方也会存在生命吧！

　　或许这个问题这么问会更加合适：除了地球，宇宙中还有其他地方有生命吗？那里也有智慧生命吗？

　　到目前为止，哪怕我们掌握了这么多的科学知识，也没办法对上述的问题进行解答。

何为生命?

当我们说到"生命"二字时,具体想表达什么意思呢? 这不仅包括人类、猫、狗、蛞蝓、蜗牛,还有蘑菇等真菌,以及天竺葵等各类花草树木,当然也少不了浮游生物和细菌。地球上有数以百万计不同种类的生物以无数的方式进行着相互作用。我们知道,生命起源于一个单一细胞的简单有机体,并在数十亿年中逐渐进化为我们今天所看到的各种各样的生命形式。

如果我们知道地球上的生命是如何起源的,那就可以对宇宙其他地方的生命形式进行一些合理的推测。

那地球上的生命是如何发端的呢? 那些最初的简单细胞从何而来? 虽然目前还没有明确的答案,但科学家们一直在思考这个问题,进行了各种推测和实验。这个问题的答案主要得从化学中寻找。生物的细胞说到底不过是一堆化学物质聚在一起反应而已。而其中所涉及的大多数化合物都是碳化合物,通常也被称为有机化合物。我们所知的一切生命都是以碳元素为基础的,所以碳元素也可能是外星生命的重要组成部分。

20 世纪 20 年代,俄罗斯生物化学家亚历山大·奥帕林(Aleksandr Oparin)和英国遗传学家 J. B. S. 霍尔丹(J. B. S. Haldane)提出,甲烷、氨气和氢气这些气体存在于地球早期的大气中,而简单的有机化合物可能就是由这样的气体在霍尔丹所称的"原始汤"(prebiotic soup)中形成的。为了让这些气体相互反应,一次能量事件是不可缺少的,其作用就像发动机气缸里的火花。这可能是闪电、高温、太阳的紫外线辐射,甚至也有可能是核辐射——已知地球上至少有一组天然的地下核反应堆,就位于西非的加蓬。

1953 年,在芝加哥大学,美国化学家哈罗德·尤里(Harold Urey)和他的学生斯坦利·米勒(Stanley Miller)决定在实验室

无垠的宇宙,与我们的世界既相似又不同……我们必须相信,在其他所有的世界里,总有我们在这个世界上看到的生物、植物和其他事物。

——伊壁鸠鲁
(Epicurus)
希腊哲学家

BBC 宇宙入门

上图 地球上最早的生命形式可能是蓝藻，一种在温暖的海面上繁茂生长的原始单细胞生物。随着时间的推移，这种细菌在海床上生长并形成了蘑菇状的沉淀物构造——叠层石。叠层石（见上图）被誉为地球上最古老的生物化石，它能吸收二氧化碳并释放氧气，增加大气的氧气浓度

里借助闪电测试关于有机物合成的奥帕林－霍尔丹理论。现在的地球上每时每刻都有雷暴肆虐，每隔几秒钟就会出现一次雷击。如果闪电在 40 亿年前也是如此频繁，那它不失为一种启动化学反应的好方法：电火花释放出的巨大能量可以将稳定的分子撕裂，形成不稳定的碎片——化学性质非常活泼的自由基和离子，然后它们会和周围的分子进行反应。尤里和米勒把甲烷、氨气、氢气以及一些水放在一个烧瓶里，然后让水保持沸腾状态，同时让电火花模拟的闪电通过气体。一周后，他们发现这些气体发生了反应，甲烷中超过 10% 的碳原子已经变成了包括氨基酸在内的其他有机化合物的混合物。这些有机物都是蛋白质的组成部分，而蛋白质对动植物的形成又是至关重要的。

尤里－米勒实验并不能证明生命化学物质就是由雷击产生的。事实上，一些科学家认为早期的地球大气层富含二氧化碳，

在这种情况下，气体就不会发生反应而产生氨基酸。但这个实验的确表明，这样的过程是有可能发生的。既然这在地球上存在可能，那么在宇宙的其他地方或许也是一样的。

几个世纪以来，科学家们一直认为，生命在地球上从一出现就需要阳光来维持和滋养。也的确，我们所熟悉的植物和动物都离不开阳光：植物利用光来驱动光合作用，将二氧化碳和水转化为碳水化合物和氧气；动物吃植物，或者捕食以植物为食的动物，同时吸入氧气来氧化碳水化合物，从而获取能量。所以乍一看，阳光似乎是生命所必需的。

深海中的发现

然而，最近在黑暗的海底发现了许多令人惊讶的生命形式，推翻了所有生命都依赖太阳这一长期以来的观点。我们对海底的了解还不如对月球表面的了解，但已经有一些勇敢的科学家挤进狭小的钛金属球里，潜到两三千米深、漆黑一片的深海进行调查研究了。

大西洋中部数千千米的海沟随着地球构造板块的漂移，每年都会扩张几厘米，其他大洋中也有类似的情况。通过洋底裂缝向上喷出的过热水温度高达约400℃，但是因为这个深度的巨大压力，水并不会沸腾。水中还含有金属硫化物和其他来自炽热地幔的化学物质。在这些海底火山口，或说是"黑烟囱"

资料档案 ｜ 生命演化

直到大约20亿年前，地球上还只有一种生命形式：简单的珠状微生物，如蓝藻（右图）。每一个生命个体不过是一个细胞，繁衍的方式也只是一分为二。随着时间的推移，一些微生物吸收了其他微生物，变成了更大的细胞，每个细胞都有一个细胞核。最终，这些细胞结合并演化成为多细胞体内的组织和器官。慢慢地，复杂的生命形式得以出现和进化。

BBC 宇宙入门

右图　1977 年，人们第一次看到海底热液喷口，或者叫作"黑烟囱"。构成热液喷口附近食物链基础的原始细菌，非常有助于我们了解地球最初生命的可能形式

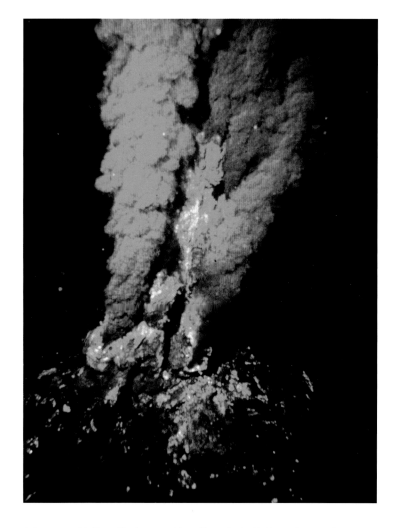

周围，有着数量惊人的生物，其中包括体长 2 米的管状蠕虫，以及成千上万的蛤蜊、贻贝、螃蟹和虾，它们聚集在 10～20 米高的硫化物尖塔周围。这些奇怪的生物就生活在完全黑暗的环境中。它们沐浴在热水带来的温暖中，用完全不同的生物化学成分生存和生长。甚至有些细菌似乎是从过热海水的喷口中冒出来的，在那种环境下"普通"的生物是不可能存活的。

地球上最初的生命形式可能是黑暗海底中那些利用地底世界喷射出来的营养物质生存的奇异生物吗？这倒不失为一种可能性，甚至不逊于另一个大胆而惊人的想法，那就是生命根本

左图 "黑烟囱"周围聚集的巨型管状蠕虫。这种生物没有嘴和内脏。相反，它们含有海绵状的棕色组织，细菌就生活在其中。细菌通过氧化"黑烟囱"里冒出的硫化氢，使其与溶解在水中的氧气反应生成硫来获取能量（之后硫会结晶析出）。它们不会形成壳或其他明显有用的结构，管状蠕虫只会在其海绵组织中形成纯硫晶体

不是起源于地球，而是来自外太空。

生命来自外太空吗？

我们现在知道，即使在空旷的太空中，也有许多种类的分子在飘荡，其中有一些还是复杂的有机化合物。偶尔从太空坠落到地球上的由金属和岩石组成的陨石里就发现过有机化合物。甚至有证据表明，太空和陨石中都存在细菌。这种认为生命可能是通过太空传播而在整个宇宙中开始繁衍的观点，被称为"泛种论"（Panspermia，见第 191 页资料档案）。那么有机化合物是从哪里来的呢？其中一个比较疯狂的理论是，它们是游历银河系的外星生物不小心留下的，当然也可能是有意为之。另一种可能性是，就像尤里－米勒实验一样，它们是由简单的分子在太阳（也可能还有其他恒星）紫外线的照射下自然形成的。这一理论也许更多地遵循着一条古老的法则，也就是奥卡姆剃刀（Occam's Razor）：你们应该寻求最简单的解释，因为最简单的解释往往也是正确的解释。所以如非必要，就无需假

BBC 宇宙入门

设外星人的存在了。

如果有机化合物在"空旷"的太空中游荡,那它们可能也会飘进我们的大气——或者落进陨石中,并在条件合适时在池塘和浅海中开始发生一些化学反应。又或者它们可能是45亿年前形成地球的原始尘埃云的一部分。若是这样的话,它们一定在地球早期狂暴的数百万年历史中成功地生存了下来,直到气候合宜的时候再演化成生命。

生物可以在太空中迁移的观点得到了许多证据的支持:高空气球在距离地球表面30 ~ 40千米的上空探测到细菌,其浓度明显随着海拔的升高而增加,表明这些细菌来自太空——当然也可能是地球的细菌飘移到了太空。此外,2001年夏末,印度喀拉拉邦突如其来的阵雨中出现了疑似尘埃的红色物质,但在电子显微镜下观察却发现是活细胞。一些科学家认为这些是简单的藻类孢了,但另一些科学家则声称它们不含DNA,因此一定是某种形式的外星生命。

细菌可以在人空的真空环境中存活,这个想法听上去似乎很荒谬,但这些小东西的确非常顽强。1967年,美国的无人探

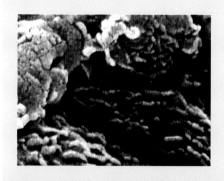

资料档案 | 泛种论

1996年,一颗来自火星的陨石中发现了细菌化石(见左图)。这一发现再一次激起了人们对泛种论的兴趣。泛种论本身不是 个新的概念,古希腊哲学家阿纳克萨格拉斯(Anaxagoras)在2 400年前就提出过类似的观点。但自20世纪70年代中期以来,英国天文学家弗雷德·霍伊尔(Fred Hoyle)爵士和斯里兰卡数学家钱德拉·威克拉马辛赫(Chandra Wickramasinghe)或许是这一理论最积极的拥护者。霍伊尔于2001年去世,但威克拉马辛赫现在是卡迪夫大学应用数学和天文学教授。两人都认为,不仅地球上的生命最早来自太空的生物播种,而且这一过程直到今日还在继续,可能我们的疾病和传染病就是这么来的。

左图 勘测者 3 号摄像机里存活下来的细菌可能来自发射前某人打的一个喷嚏

右页图 地球上一些最寒冷的地方都发现有细菌在繁衍生息，证明了生命也可能是在彗星冰冷的内核中被带进太阳系的。图中是壮观的海尔－波普（Hale-Bopp）彗星，它曾于 1995 年出现在地球上空

测器勘测者 3 号将一台电视摄像机带上了月球；1969 年，阿波罗 12 号的宇航员取回了这台摄像机，并在检查时发现其中含有一种叫作轻型链球菌的细菌菌落。它们在月球上生存了 31 个月，那里不仅是真空环境，而且温度变化剧烈。这样看来，细菌确实可能来自外太空。

地球上的生命似乎有很多种起源方式，那生命在其他行星上出现的可能性有多大呢？

太阳系——自家后院里的生命

生机盎然的地球，对我们人类来说似乎是再熟悉不过了，但还有别的像地球这样的行星吗？行星表面的温度很重要，因为任何生命形式，哪怕和人类相去甚远，都必须以水为基础。人类体内一半以上是水，地球上的所有生命都依赖于水溶液中发生的复杂化学反应。如果你的身体失去 15% 的水分——可能是由于严重腹泻或严重烧伤，体内的生物化学反应就会紊乱，你甚至可能因此死亡。水在 0℃以下会变成冰，这时大多数生命过程会停止。而当温度高于 70℃时，水蒸发得太快，溶

行星	温度
水星	−200℃ ~ 500℃
金星	平均 450℃
地球	平均 14℃ (−90℃ ~ 58℃)
火星	−133℃ ~ 27℃
木星	平均 −150℃
土星	平均 −180℃
天王星	平均 −200℃
海王星	平均 −220℃

液浓度迅速增加，从而无法继续进行复杂的生化反应。人体有一个温度调节系统，可以将血液温度保持在上述两种极端温度的中间值：37℃。太阳系其他行星的气候就比较糟糕了。我们的姐妹行星金星表面的温度约为 450℃，因此任何水放到那里都会立即沸腾。水星的日间温度甚至更高。火星是寒冷的：虽然夏季白天的最高温度可达 27℃，但大部分时间都在 −20℃到 −100℃。太阳系带外行星的温度还要更低。

因此仅就温度而言，我们不该期望在太阳系的其他行星上发现任何大型或复杂的生命。然而，大量原始的微生物生命形式还是有可能存在的。可以在极端环境中生存的微生物可能会处于休眠状态，就好像许多植物的种子可以在没有水的情况下存活数年甚至数个世纪一样，细菌和真菌孢子也可以在非常恶劣的环境中存活很长一段时间——比如月球探测器上的那些细菌。我们不应该被我们熟知的生命形式所蒙蔽。那些在地球海床"黑烟囱"旁繁衍生息的怪异生物和植物被称为"极端微生物"，因为它们能够在高温、高压和黑暗等极端条件下茁壮生长，这些条件对脆弱的人类来说显然是致命的。而这些海底极端微生物并不是独一无二的，在许多其他类型的恶劣环境里也同样存在。

火星的可能性

即使是极端微生物也很难应付金星表面的状况，尽管有人认为永久笼罩着金星的硫酸云中有可能存在着一些原始生命。不过，极端微生物到了火星上也许就可以很好地生存繁衍了，因为火星的条件远没有金星那么恶劣。美国航天局火星全球勘探者号（Mars Global Surveyor）拍摄的照片显示，在过去的一段时间中出现了似乎是布满冰或霜的沟壑。这和其他一些证据都表明，火星上曾经有水，而且很可能现在仍然有水——以冰的形式存在，这种冰被地热加热后以液态水的形式逸出地表，

下图 欧洲空间局的火星快车号（Mars Express）探测器拍摄到了火星北极一个巨大陨石坑中的水冰图像。地下水冰很可能是极端微生物的栖息之所

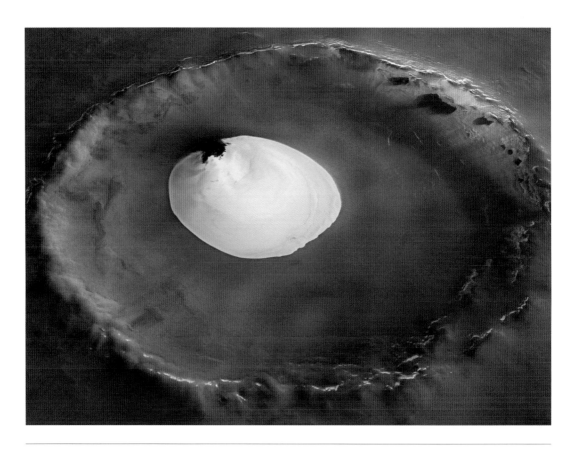

BBC 宇宙入门

然后再次被冻结成冰。

几乎可以肯定的是，火星在 10 亿年或更久之前比现在更温暖、更湿润，而且可能孕育着生命——一些细菌或类似的生命体可能还潜伏在地下。正因如此，我们的新探测器正在这颗红色星球的地表下挖掘，寻找生命或生命存在过的迹象。由于火星的大气层非常稀薄，这意味着火星表面一直暴露在太阳的紫外线下，被这样持续照射几百万年对任何生物的健康都没有好处，因此如果火星上有生命的话，它们更有可能隐匿在地下。紫外线携带大量的能量，所以它能让化学性质不太活泼的气体发生反应。但这对生物来说不是件好事，因为这类反应可能会危及生命。

美国航天局在 20 世纪 60 年代正忙着准备将宇航员送上月球，并最终在 1969 年完成了这项壮举。与此同时，他们希望开展下一个 10 年的重大项目，于是他们在加利福尼亚帕萨迪纳的喷气推进实验室（JPL）组建了一个团队，研究如何在火星上寻找生命。

被美国航天局邀请来做顾问的人中就有英国科学家詹姆斯·洛夫洛克（James Lovelock），他对要在火星上寻找地球常见生命形式的做法很是批判了一番。洛夫洛克认为他们更应该寻找的是大规模的熵减现象[17]，换言之，就是表明某些东西正在制造混乱的证据。当他的美国同行听得一头雾水时，他解释道：任何生物都必须摄入某种营养物质或热量，然后排泄出降解过的物质，因此，废物处理体系是少不了的。在地球上，动植物利用大气和海洋来清除废物，其结果之一是，我们的大气既含有甲烷（牛羊通过呼吸和排泄都会产生）也含有氧气（由绿色植物产生）。按理说，这两种气体是会发生反应的，而且经过很长一段时间也的确如此。所以，它们在大气中同时存在的事实表明，一定有什么东西在不断地产生这两种气体，这也就

极端微生物

这是嗜热古菌（Archaeoglobus fulgidus）的显微照片，它们是生活在深海热液火山口附近的极端微生物

在阿拉斯加的浮冰中发现了极端微生物

科学家发现极端微生物可以生活在各种各样惊人的环境中：酸性的水池中，高温的机油中，"黑烟囱"周围170℃的深海中，以及同样高温的地下岩石中。有些微生物存在于沉积岩中，以沉积的有机碎屑为食，而另一些则在没有天然食物的火成岩中。火成岩中的细菌真的会从岩石中提取碳原子来制造甲烷。

冰山内部也存在一些细菌。在加拿大北极圈的阿克塞尔海伯格岛上，泉水常年从400米深的永冻层冒出地表，

水中时常漂浮着长长的丝状细菌和薄薄的生物表皮。尽管那里平均温度非常低，只有 −17℃。

这种细菌可能在这些极端的地方存活了数千年甚至数百万年。一些科学家甚至提出，埋藏在岩石中的生物质量比地球表面所有生物的质量都要大。

这些极端微生物显然在 0℃ ~ 70℃的"正常"温度范围之外还能存活，那么，我们也应该在这个温度范围之外寻找外星生命。此外，还需要注意的是，种子和真菌孢子可以通过休眠在极端条件下存活很长一段时间，然后在条件有利的情况下恢复生机。

在美国怀俄明州黄石公园的酸性温泉中，极端微生物在 80℃的恶劣温度下茁壮生长

詹姆斯·洛夫洛克

生于1919年的詹姆斯·洛夫洛克算是一个异类——他是一名自由科学家。大多数科学家都会在某个机构工作，因为他们得拿工资养家糊口，也需要昂贵的设备开展研究。洛夫洛克获得了化学学位，花了20年时间进行医学研究，包括调查普通感冒的原因。1957年，他发明了电子捕获检测器，在检测污染环境的化学物质方面，这是迄今为止最好的仪器。到1965年，他退出了所有机构，成为一名自由职业者，经济来源就是出售自己的发明。非凡的直觉使他能够推测地球是如何长期维持生命的，并提出了盖娅假说（Gaia hypothesis）：地球的整个表面，包括所有生命（生物圈），构成了一个自我调节的有机整体。

是说，它们的共存是地球上存在生命的证据。

洛夫洛克建议美国航天局研究火星大气的光谱，而结果表明火星大气主要由二氧化碳组成，没有类似地球大气的那种奇妙的气体组合。所以，洛夫洛克得出结论说火星上不可能有生命。然而，这并不是美国航天局想听的答案，洛夫洛克因此被解雇，美国航天局则继续这项研究——直到现在，他们还在火星上寻找生命。然而，今天寻找的生命和20世纪70年代所理解的生命形式不太一样，现在要找的是地表下的极端微生物，而它们可能没有向稀薄的大气中呼出特殊的气体。

关于火星的历史，我们了解得不少。行星早期都很炽热，因为尘埃云吸积形成行星的过程会产生热量。此外，岩质行星会受到不少撞击，这也会产生热量。当最初的混乱平息下来后，行星开始冷却。很有可能，温暖的海洋在火星上存在过数百万年之久。不过由于火星比地球小，火星冷却得更快，冷却后的温度也更低。这主要是因为它离太阳更远，同时也因为它的核心中包含的放射性物质更少。地球上有足够的铀和其他重元素，这些放射性元素衰变会产生热量。事实上，这也是地壳的主要地质活动——板块构造运动的驱动力。因此，火星上的生命可

> 如果给我一把铲子和一台显微镜，让我在火星上待半个小时，我就能告诉你那里是否有生命。
>
> ——查尔斯·科克尔
> 微生物学家

下图　艺术家创作的火星曾被海洋覆盖的样子

能在早期阶段就在地表形成了，但当大气层变得太过稀薄，紫外线辐射也变得太过强烈，或者当海洋蒸发时，生命就会受到威胁。然后，生命体可能转移到了地表之下，并且可能现在还在那里，潜伏在几米深的地方。

　　火星离我们很近，温度也挺合适，但我们不应该满足于此。有一些极端微生物非常顽强，甚至可以在比火星更远的行星或是它们的卫星上生存下来。木卫二、木卫三和木卫四或土卫二上都可能有生物。它们都有冰冻的海洋，冰下可能有带火山喷口的深层液态水，也许会有类似于地球大西洋中的巨型管状蠕虫和虾的生物。我们在太阳系中可能也没那么孤单，虽然找到大型动物的希望确实不大。

登陆火星的任务已经开展过好几次了，而海盗号计划是最早的一次。1976 年，海盗号着陆器在火星表面用放射性的一氧化碳和二氧化碳标记火星土壤。这样做的目的是要看看放射性碳是否有被吸收，从而知道火星土壤中是否有任何生物。不过最后并没有得出确定性的结论：刚开始似乎有证据表明这颗红色星球上有生命，但后来的测试表明无机物质也可能会带来同样的结果。（第 4 章中描述过其他火星任务）

之所以对太阳系其他地方存在大型动物的可能性感到悲观，其中一个原因是重力。为了能够长到一个合理的大小，动物需要水和大气。比地球小得多的行星几乎没有大气层——火星的大气层非常稀薄，因为火星没有足够的引力来维持大气层，防止它逃逸到太空。而比地球大得多的行星——气态巨行星，

下图　这幅数码艺术作品展示的是卡西尼号飞船于 2005 年飞过土星的小卫星土卫二时的场景。卡西尼号拍摄到了土卫二表面喷发的水蒸气，这表明下面可能存在着液态海洋，甚至还可能存在生命

其大气层倒是足够厚实，但重力太大，任何一个高度超过几毫米的生物都会被自身的重量压扁——如果它能找到一个可以站立的表面的话。在木星上，一个普通人的体重大约是 200 千克，而人类的骨骼和肌肉是难以承受这种重量的。

寻找智慧生命

我们只能假设在太阳系的其他地方没有智慧生命，当然也不排除某种鲸鱼或海豚文明存在的可能性。它们能适应低温，可以生活在木卫二冰层下的海洋中。

那其他太阳系中的行星呢？这就有各种各样的猜测了，而且人们已经为此争论了几个世纪。意大利哲学家佐丹奴·布鲁诺（Giordano Bruno）断言，星星这么多，其中肯定有像地球一样存在生命的星球。但天主教会不赞成他的宇宙论，1600年，布鲁诺在罗马被教会烧死在火刑柱上。类似的猜测在近代越来越多。1960 年，美国天文学家弗兰克·德雷克开始使用 25 米口径的塔特尔射电望远镜来监听附近几颗类似太阳的恒星发出的信号。弗兰克当时是西弗吉尼亚州绿岸美国国家射电天文台的射电天文学家。他把这个项目称为"奥兹玛计划"（Ozma project），以《绿野仙踪》中奥兹国女王的名字命名（众所周知，奥兹国位于彩虹之上）。

奥兹玛计划在几个月后结束了，但它受到了外界的关注。在接下来的 1961 年，德雷克召开了一个讨论外星生命问题的会议，全世界只有 12 个人有兴趣参加。在撰写会议议程的过程中，他列出了一条后来被称为"德雷克方程"的公式，通过它可以计算得出 N，即银河系中能够与我们交流的智慧文明的数量，具体的计算公式如下：

$$N = R^* \times f_p \times n_e \times f_l \times f_i \times f_c \times L$$

我确信智慧生命是存在的，我也相信只要我们足够努力就能和它们取得联系。

——弗兰克·德雷克
（Frank Drake）
搜寻地外文明项目负责人

弗兰克·德雷克

　　弗兰克·德雷克生于 1930 年。他在康奈尔大学学习电子学，却对天文学和宇宙其他地方存在生命的可能性感兴趣。在美国海军服役一段时间后，他进入哈佛大学学习射电天文学，并于 1958 年在西弗吉尼亚州绿岸国家射电天文台找到一份工作。他曾在搜寻地外文明项目（SETI）研究所工作，担任卡尔·萨根宇宙生命研究中心主任。

- $R*$ 代表银河系中恒星的形成速率；

- f_p 代表恒星中拥有行星系统的比例；

- n_e 代表一个行星系统中具有生命宜居条件的行星的平均数量；

- f_l 代表宜居行星中能发展出生命的比例；

- f_i 代表有生命的星球上可以演化出高等智慧生命的比例；

- f_c 代表高等智慧文明拥有能够向太空发射可探测到的通讯信号能力的概率；

- L 是这样一种科技文明的预期寿命。

　　可惜这个公式中大部分变量的具体数值我们都不知道，不过在过去的 40 年里，我们发现了很多关于银河系的信息。首先，我们现在确信系外行星的数量确实众多（见第 4 章）。

　　1961 年，德雷克估计 $R*$ 约为每年 10 颗，f_p=0.5，n_e=2，f_l=1，f_i=0.01，f_c=0.01，L=10 000 年。使用这些值算出的 N 为 10。换句话说，他预计银河系中应该有 10 颗星球存在能与我们交流的智慧文明。

　　1984 年，德雷克和其他一些人在美国和苏联的努力下最终成立了搜寻地外文明协会。该协会是一家非营利性组织，其使命是"探索、理解和解释宇宙中生命的起源、特性和普遍性"。这一搜寻工作直到今天仍在继续。加州大学伯克利分校在波多黎各的阿雷西博天文台建立了自己的搜索体系，称为

SERENDIP（全称为 Search for Extraterrestrial Radio Emissions from Nearby Developed Intelligent Populations，即搜寻来自近地外智慧生命群落的无线电波计划）。该校还通过屏幕保护程序 SETI@home 向公众推广搜寻地外文明项目，允许人们在自己的家用电脑上进行一些枯燥乏味的搜索工作——这是一个很好的大规模分布式软件。我在自己的电脑上也运行了好几年。

截至日前，科学家们还没有搜寻到任何地外智慧生命。除了早期出现过一次（后来被证明是一架隐秘的 U2 侦察机产生的信号），40 年来没有接收到过任何确定的信号。1967 年，英国剑桥大学一位年轻的研究生乔斯林·贝尔（Jocelyn Bell），在攻读类星体的博士学位。她用自制的射电望远镜观测星空，曾将收到的电波误认为是地外文明信号，结果发现她的观测对象其实是一个当时还未知的天体：一颗快速脉动的恒星，或者叫脉冲星。她的导师托尼·休伊斯（Tony Hewish）也因为这

右图　射电天文学家乔斯林·贝尔接收到来自遥远太空中的无线电信号，该信号每 1.3 秒重复一次，非常具有规律性。因为不知道具体是什么，她就给它取名为"小绿人"（Little Green Man，简称 LGM）。这个信号实际上来自蟹状星云（右图）中心的一颗脉冲星——一颗旋转的中子星。脉冲星强大的磁场和辐射持续搅动着周围的气体

现获得了诺贝尔奖。

　　德雷克在 1961 年的研究可能过于乐观。目前通过对他的
方程式中一些未知的数据进行估计，得出的 N 值介于 1/100 到
1/1 000 000 之间。然而，他自己却变得更加乐观了，现在他相
信银河系中高等文明的数量可能比最开始估算出来的 10 个还
要多。

BBC 宇宙入门

左页图　中国于 2016 年 7 月建成的 500 米口径球面射电望远镜(Five-hundred-meter Aperture Spherical radio Telescope，简称 FAST) 取代阿雷西博射电望远镜成为全球最大的单口径射电望远镜。该项目由我国天文学家南仁东于 1994 年提出构想，历时 22 年建成，于 2016 年 9 月 25 日落成启用。它是由中国科学院国家天文台主导建设，具有中国自主知识产权且灵敏度最高的射电望远镜，其综合性能是阿雷西博望远镜的 10 倍。它位于贵州省黔南布依族苗族自治州平塘且的喀斯特洼坑中，被誉为"中国天眼"

"地球殊异"假说

有些人认为我们银河系中有成千上万的智慧文明，另一些人则认为我们是孤独的。为什么他们的观点差异如此巨大呢？这主要是因为简单生命和智慧生命之间存在着巨大的鸿沟。一些科学家认为，尽管细菌之类的原始生命在宇宙中可能相当普遍，但智慧生命也许是极其罕见的。这被称为"地球殊异"假说（Rare Earth Hypothesis），英国科学家彼得·沃德（Peter Ward）和唐纳德·布朗尼（Donald Brownlee）在他们的《殊异地球》（*Rare Earth*）一书中对此进行了详细探讨。

在地球上，生命已经进化了近 40 亿年，在这期间，大量物种在地面爬行或在海洋中游弋，然而只有一个物种——智人——已经发展出足够的智力，能够运用技术进行交流。我们的智力究竟是自然而然出现的，又或是进化的必然结果，还是一次性的随机现象，永远不会再发生？这是一个巨大的谜团，如果我们真的从一个外星文明那里收到明确的信号，就会彻底改变我们所有的观点。

美国哲学家丹尼尔·C. 丹尼特（Daniel C. Dennett）指出，进化是不可避免的。根据查尔斯·达尔文（Charles Darwin）最初的理念，假如同时存在变异、选择和遗传，那么必然出现进化，否则一切就乱套了。然而，没有人能够预测这种进化的结果，也没有人能够预测它是否有可能产生智慧生命。毕竟，几亿年前的进化带来了恐龙，这种生物主宰地球的时间比人类长得多，然而恐龙的世界却没有产生数学、音乐、技术或书籍。也许有成千上万的行星上爬满了类似恐龙那样的生物，但谁又能知道呢？

智力从何而来？

有一种理论认为，动物获得智力的前提是学会语言，而语

言是很难掌握的，不过即使在这之前，他们也必须先学会相互模仿。想象一下，在一群原始人中，其中一人历经多年学会了如何生火并使之燃烧不息，另一个擅长烹饪，还有一个是一名技艺高超的猎人。任何一个能够学习模仿所有这些技能的人，生存能力就会大大提高，也因此更有可能吸引很多的配偶。进而，善于模仿者就会有很多子孙后代，模仿的基因就会在人类中继承下来。尽管学习语言确实需要模仿，但模仿未必依赖语言。我们会发现模仿并不难，哪怕是婴儿，当你对他们微笑的时候，他们也会对你报以微笑。他们甚至在掌握足够的语言来解释自己的行为之前好几年就能够模仿了。不过，虽然人类发现模仿很容易，但对其他动物来说就不是如此了。

有些鸟可以模仿其他鸟的叫声，甚至是汽车警报器、电锯和其他类似的声音；有几类猿猴可以模仿一到两个简单的动作。但总的来说，人类是唯一能够模仿的物种。这可能就是关键所在：获得模仿能力的难度如此之高，可能就是我们之所以为人，并在宇宙中独一无二的原因。换句话说，德雷克方程中的因子 f_i（有生命的星球上可以演化出高等智慧生命的比例）可能是无穷小的。当然，真实情况如何，只有在找到其他的智慧文明之后才能知晓。

搜寻地外文明项目当前的运作模式

目前大约有 120 名科学家为搜寻地外文明项目工作。他们从事的研究多种多样，有的在寻找可能存在生命的行星，有的则在研究极端微生物的习性和栖息地，希望它们能为我们在寻找其他星球上的类似微生物方面提供帮助。除了这些以外，项目团队最重要的工作还是监听和监视来自太空的信号。搜寻地外文明项目总部位于加利福尼亚州山景城，就在旧金山南部。

进行这项工作有时会用到几台大型望远镜，包括波多黎各

上图　位于波多黎各阿雷西博大文台的 306 米口径射电望远镜，曾经是世界上最大的单口径望远镜。这台大型望远镜被放置在一个天然凹洞里，附近的景观非常壮丽，阿雷西博望远镜曾在好几部轰动一时的电影中出镜。但因年久失修，在经历了两起严重的电缆事故后，2020 年 12 月 1 日凌晨，阿雷西博望远镜悬挂的接收设备平台坠落并砸毁了望远镜反射盘（天线）表面。该望远镜因损毁严重，再也无法使用

左页图　学习制造工具是我们智力发展的关键一步。这一过程涉及记忆、计划和解决问题的能力

的阿雷西博望远镜和西弗吉尼亚州的绿岸望远镜（GBT）。绿岸望远镜重达 7 000 吨，是目前地球上最重的可操控望远镜，口径为 100 米，比曼彻斯特附近卓瑞尔河岸天文台的可操控望远镜还要大。不过，等到位于旧金山东北 500 千米处的哈特克里射电天文台（Hat Creek Radio Observatory）的艾伦望远镜阵[18]（Allen Telescope Array，ATA）建成，"最大监听者"的名号也许就要易主了。

这个强大的望远镜阵列将彻底改变搜寻地外文明项目目前的运作模式。有了它，科学家们有希望能接收到 100 多万颗恒星发出的信号，这与弗兰克·德雷克最开始监听的 2 颗恒星相比已经是相当大的进步了。

天才的闪光

搜寻地外文明项目还有一个光学分支机构。刚开始的时候，无线电似乎是理所当然的通信方式，任何用光传递信号的想法似乎都很荒谬。然而，现在的激光可以产生强烈而持续时间极短的闪光，这是一种非常有效的向特定方向发送信号的方法。即使是微弱的闪光也能被检测到——想想看，你是否很容

艾伦望远镜阵

艾伦望远镜阵的天线排布看似随机，但事实上是经过精心设计的。这样的排列能确保覆盖天线与天线之间的区域

这些天线是通过公路从爱达荷州运来的，并在天线组装帐篷内进行现场组装。天线配有织物防护罩以遮挡雨雪

艾伦望远镜阵以微软联合创始人保罗·艾伦（Paul Allen）的名字命名，他为这个项目赞助了数百万美元。建成后的艾伦望远镜阵将包括 350 架独立的 6 米天线，分散在加利福尼亚州喀斯喀特山脉最南端的沙斯塔山山肩 1 平方千米的区域里。这些天线将以精确的阵形旋转，协同工作，艾伦望远镜阵将因此成为地球上最强大的射电望远镜。这会给搜寻地外文明项目带来几大好处。

第一，艾伦望远镜阵将有一个异常广阔的视野，可以同时监听许多恒星系统。例如，阿雷西博望远镜可以详细观察的天空区域只有月球大小的十分之一，而艾伦望远镜阵可以观察将近 22 倍月球大小的区域。

第二，在微波波段工作时，艾伦望远镜阵将同时收听大约 1000 万个频率，而不必在刻度盘上选择一个特定的位置。

搜寻地外文明项目团队可以全天 24 小时使用艾伦望远镜阵，而不必每次只能借其他的望远镜使用有限的几个小时。常规的射电天文学研究也可以使用艾伦望远镜阵，但对外星人的搜寻将 24 小时不间断地进行。

第三，使用艾伦望远镜阵，搜寻地外文明项目团队有望在第一年就能观测到 1000 多颗恒星，而且此后观测的数量还会随着运算能力的提高不断增加。要知道，搜寻地外文明的科学家在之前 40 年里观测到的恒星总量还不到 1000 颗。观测的目标是寻找类似太阳的恒星，因为它们最有可能有类地行星。先从距离最近的开始，因为它们的信号可能是最强的。选定一片天空后，观测者可以同时聚焦 2 颗或 3 颗恒星，并持续观察约 10 分钟，然后将天线旋转到下一个目标区域。采用这种搜寻模式的前提是假设外星智慧文明会持续不断地发出信号，不然在短短几分钟内接收到信号的可能性并不大。

搜寻地外文明项目每周会有个固定的广播节目《我们是唯一的吗？》，主持人是项目的首席天文学家塞思·肖斯塔克（Seth Shostak）。他估计 100 年内人类将拥有人工智能的机器，而智慧的外星人可能已经拥有会思考的机器，甚至有些外星人本身就是会思考的机器

在每个天线底部的吊舱里，都有一面铝镜用来聚焦入射的无线电波。吊舱下面也有铝层以保护探测器免受地面辐射

资料档案 ｜ 艾伦望远镜阵频率

与阿雷西博望远镜的大型反射盘天线相比，艾伦望远镜阵的碟形天线要小很多，也因此视野要开阔得多。在这个视野内，智能的傅里叶变换软件将允许观测者同时观察几颗恒星。计算机将扫描 0.5 到 11 吉赫之间的所有频率。观测者寻找的是窄带信号，因为这些信号一定来自发射器，而不是脉冲星或类星体。这类信号会在屏幕上以对角线的形式显示出来。

易就能看到体育场对面打出的相机闪光。一次持续十亿分之一秒的强烈闪光可以从许多光年以外的地方传到我们这里，而且强度也足够被识别为一种信号。在这一瞬间，闪光的亮度可能会比太阳高出 1 000 倍，也就很容易被光电倍增管（一种超灵敏的光探测器）探测到，但人眼是看不见的，因为人眼无法对如此快速的闪光做出反应。用光传递信号必须是高度定向的，但速度极快：你可以在顷刻间将一整部百科全书的内容传输完毕。当然，这样的信号只能来自一个专门朝我们发送信息的文明，而不是来自四面八方的宇宙噪声。不过该设备的好处就在于，很容易发现这类信号，而且成本也很低，因为接收信息所需的仪器的总成本只要几千美元，而一台射电望远镜则要花费数百万美元。

美国和澳大利亚的许多观测者已经在寻找这种信号了，业余天文学家也可以做这项工作。你所要做的就是把望远镜对准一颗恒星，并进行持续的观测。如果接收到信号，其强度会短暂地增加约 1 000 倍，你的光电倍增管就会发出哔哔声。

下图 观看体育比赛的观众经常在看台上开闪光灯拍照。即使这些闪光很微弱，但从很远的地方也能轻易看到

BBC 宇宙入门

搜寻地外文明项目的专家通常会瞄准一颗恒星进行连续 10 分钟的观测,然后切换到另一颗。目前只有一次在 3 个探测器中都接收到了正反馈信号(光束被分成 3 份送入 3 个探测器中,以便排除那些仅仅是宇宙射线的假信号)。这次的信号真的来自外星人吗?在此之后,科学家们又对这颗恒星进行了反复观测,但是再也没有类似的信号传来。这种模式的缺点之一就是没有人知道外星人向地球发出的信号会持续多久。也许外星人只朝我们的方向发出一次信号,然后就切换到另一颗恒星,慢慢地将星系中所有的恒星都遍历一遍,期待其中的一些会给与回应。

到目前为止,搜寻地外文明项目的光学观测已经覆盖了大约 6 000 颗恒星,但只得到了一个疑似信号。不幸的是,这项工作非常枯燥,而且必须得有人在现场监听,所以只有极具耐心的人才能将这项工作坚持下去。

我们应该发送自己的信号吗?

这是一个争论非常激烈的问题。一方面,如果我们真的想要知道我们在宇宙中是否是唯一的,那么当然应该采取积极的态度。我们要提出问题,也就是要发出信号,而不仅仅是接收信号。另一方面,这样宣告我们的存在会不会是愚蠢甚至是危险的呢?说不定就有一些超先进的外星人正在寻找一个合适的入侵目标呢。

1974 年 11 月,波多黎各的阿雷西博射电望远镜正在进行升级,天文学家们想大张旗鼓地展示一下 300 米口径天线的威力。弗兰克·德雷克则借此机会向武仙座中由 30 万颗恒星组成的 M13 星团发射了一个能量巨大的信号,其强度是电视信号或太阳射电辐射的 100 万倍。当时的英国皇家天文学家马丁·赖尔(Martin Ryle)对此举感到非常愤怒。他说,发出信号将会招致比我们更强大的文明的攻击。

有人收到我们的信号吗?

关于是否应该发送信号的问题实际上是多虑了。我们的无线电广播信号已经出现了将近 100 年，电视信号也有大约 70 年了。离我们太阳系最近的恒星大约有 4 光年远，这意味着我们的信号需要 4 年才能到达它们那里（无线电和电视信号的传播速度与光一样快）。至于 50 光年之外，我们发出的信号可能会变得很弱，外星人根本察觉不到了。更重要的是，现在通过发射机传送信号的电视节目越来越少了，而通过数字方式传送的会越来越多。因此，随着时间的流逝，这些外星人能看到或接收到的信号会越来越少。相反，这也可能意味着我们不太可能收听到任何外星球的信号。它们发出的信号可能已经太过微弱而无法被探测到，况且比我们先进的文明很有可能已经弃用大型发射设备了。由于时间的延迟，任何形式的"交流"都会变得非常困难。例如，离我们最近的恒星是比邻星（4.2 光年远），即使是和绕着它运行的一颗行星上的外星人互致一句简单的问候，都要 8 年多的时间。

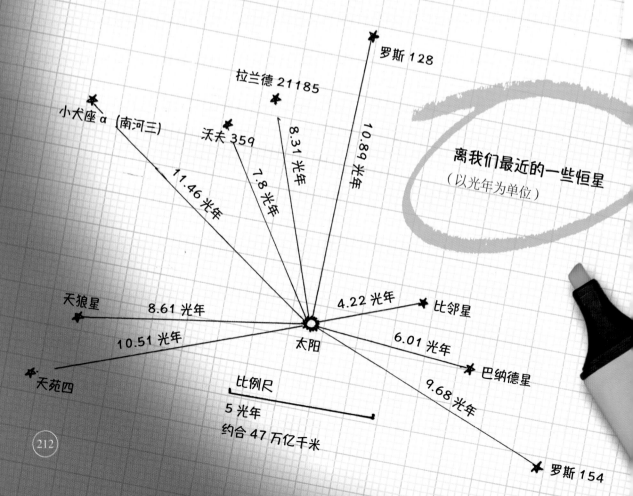

离我们最近的一些恒星
（以光年为单位）

罗斯 128

拉兰德 21185

小犬座 α（南河三）

沃夫 359

8.31 光年

10.89 光年

11.46 光年

7.8 光年

天狼星　8.61 光年　　4.22 光年　比邻星

太阳

10.51 光年　　　6.01 光年

天苑四　　　　　　　　　　　　　巴纳德星

比例尺

9.68 光年

5 光年

约合 47 万亿千米

罗斯 154

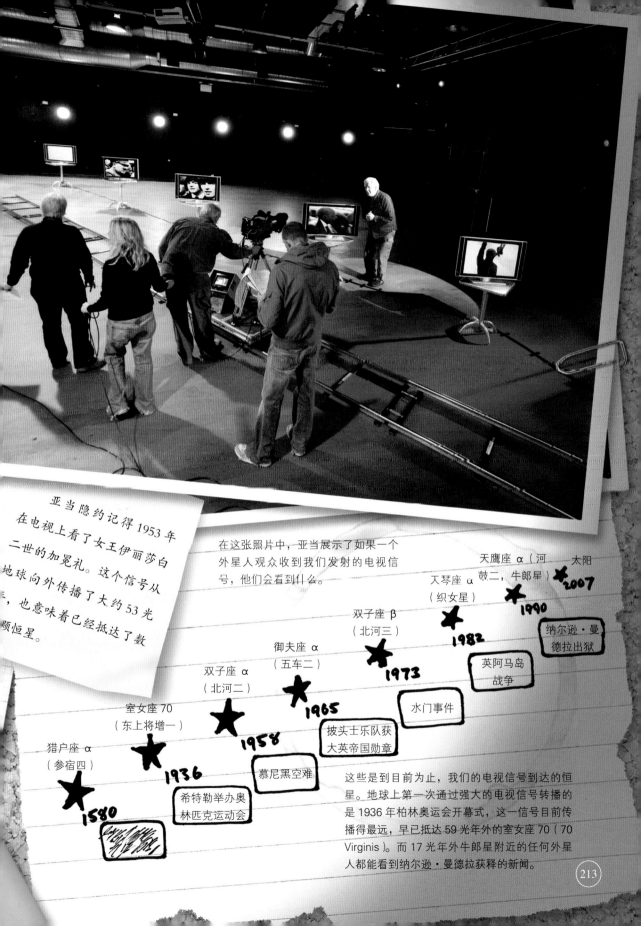

亚当隐约记得 1953 年在电视上看了女王伊丽莎白二世的加冕礼。这个信号从地球向外传播了大约 53 光年，也意味着已经抵达了数颗恒星。

在这张照片中，亚当展示了如果一个外星人观众收到我们发射的电视信号，他们会看到什么。

天鹰座 α（河鼓二，牛郎星） —— 太阳
2007

天琴座 α
（织女星）
1990

纳尔逊·曼德拉出狱

双子座 β
（北河三）
1982

御夫座 α
（五车二）
1973

英阿马岛战争

双子座 α
（北河二）
1965

水门事件

室女座 70
（东上将增一）
1958

披头士乐队获大英帝国勋章

猎户座 α
（参宿四）
1936

慕尼黑空难

1580
~~ZZZZZZZ~~

希特勒举办奥林匹克运动会

这些是到目前为止，我们的电视信号到达的恒星。地球上第一次通过强大的电视信号转播的是 1936 年柏林奥运会开幕式，这一信号目前传播得最远，早已抵达 59 光年外的室女座 70（70 Virginis）。而 17 光年外牛郎星附近的任何外星人都能看到纳尔逊·曼德拉获释的新闻。

213

德雷克的阿雷西博信息（左图）由一串二进制数字组成。该信息于 1974 年 11 月 16 日，以距离地球 22 000 光年的球状星团 M13 为发送对象，透过望远镜射向了太空。阿雷西博信息由 73 条横列组成，每一横列含 23 个二进制数字，可以解释为一个消息序列：数字 1 ~ 10（用二进制表示分别是 1, 10, 11, 100, 101, 110, 111, 1000, 1001, 1010），人体的"生命"元素（氢、碳、氮、氧和磷）的原子序数，DNA 的结构，根据传输波长设置的人类身高信息，地球人口总数和太阳系的结构。这条信息的广播用时约为 3 分钟，希望身处浩瀚星河的某位射电天文学家可以在 22 000 年后接收到这一信息（22 000 年是信号传递到 M13 星团所需的时间）。

发送信号不太可能是危险的。如果外星人在 M13 星团某处收到德雷克的信息后立即跳进飞船出发攻击我们，即使他们能够以光速飞行，也得在 44 000 年后才能到达地球。而事实上，他们的速度就算要达到光速的一半以上都不太现实，所以我们至少有 75 000 年的时间来做准备。但是话说回来，他们何必跑这么老远来攻击我们呢？

尽管如此，是否发出信号这一问题还是值得讨论的。我们

左图　德雷克信息的目标——球状星团 M13，实际上不太可能存在生命。尽管星团中有大约 30 万颗恒星，但很可能没有适合生命存在的行星。因为星团的环境非常恶劣，其中有超新星、中子星和危险的辐射冲击。更重要的是，M13 一直在稳定地围绕星系中心旋转，所以当信号到达时，目标区域里甚至不会有任何恒星

想让其他文明知道我们的存在吗？这样真的有危险吗？这么做又有什么好处呢？其他文明有可能伤害我们，还是帮助我们？我们拥有信号收发技术的历史只有 100 年左右，所以在这方面我们只是新手。其他拥有射电望远镜技术的文明很可能比我们先进得多。因此，我们有可能从他们那里得到关于下一步策略的指导：如何改进我们的技术，避免自我毁灭。换言之，我们也许就能知道我们的未来会是什么样的了。

我们应该发出什么样的信号？

1972 年发射的先驱者 10 号（Pioneer 10）正向着太阳系外前进，现已距我们约 130 亿千米之遥。飞船上有一块金属板（由弗兰克·德雷克和卡尔·萨根设计），上面是一男一女的图像。1977 年发射的旅行者 2 号也飞了差不多的距离，它携带的唱片上有 27 首古今世界名曲，包括摇滚乐、民族音乐以及贝多芬和巴赫的音乐作品，还有 55 种人类语言的问候语，看上去非常复杂。外星人不太可能理解任何一种人类语言，而一下子给他们 55 种语言更是巨大的挑战。这张唱片还收录了雨声、人声、汽

右图　先驱者 10 号的金属板上显示了地球相对于银河系中心的位置。飞船将在太空中一直航行下去，它存在的时间可能会比地球和太阳还要长

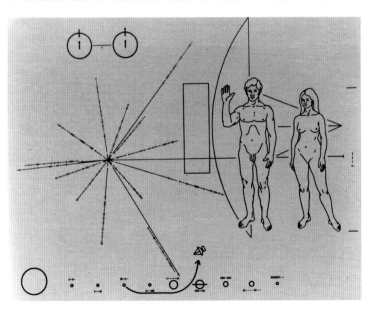

车声，还有美国航天局坚称的来自异性恋人的亲吻声。

要挑选出最好的信息并不容易，因为这涉及两个基本问题：

- 我们如何发送外星人能理解的信息？
- 我们想说什么？

外星人可能会使用语言，但肯定跟我们的不一样。如果他们有接收无线电信号的技术，想必他们也得掌握一些数学知识，而且数学定理在宇宙中应当是通用的，所以数学可能是良好的交流基础。不过，我们想给它们发送什么样的信息呢？2002年以来，一系列心理学家、艺术家和哲学家参与的国际研讨会就如何设计星际间的信息交流进行了讨论。信息组成的"艺术和科学"包括：构建能够根据接收者的反应进行"展开和演化"的信息，表达人类的审美，创作受DNA结构启发的灵感音乐，以及解释利他主义的逻辑——所有这些都可以不用语言。该小组的一些成员正在研究如何用不含语言的代码传递这些信息，当然也包括如何解码我们收到的信息。事实上，我们的首要任务是要确保收到的是一条真正的信息，而不仅仅是干扰或随机噪声。一些人甚至希望开发能自动解码外星信息的软件。幸运的是，在破译密码方面，地球人还是有一定经验的，比如二战

22 000年后，发送到太空的信息可能是我们人类存在过的唯一证据。

——弗兰克·德雷克
搜寻地外文明项目负责人

资料档案 | 罗塞达石碑

这块石碑是在公元前196年为纪念托勒密五世（Ptolemy V）而雕刻的，于1799年被发现。石碑上的文字包括古埃及象形文字、埃及草书（速记的一种）和古希腊文字。3种文字记录的很有可能是同一事件。学者们认为希腊文是对象形文字的翻译，但没有人能理解象形文字——它们是表音语言，还是用图形代表文字呢？况且这种语言已经消失1 600年了。1814年，博学的英国人托马斯·杨（Thomas Young）猜测，其中一个包含了一些象形文字的椭圆形边框内含有托勒密的名字，然后他列出了特定符号的发音。最终破解这一谜题的是法国学者J–F. 商博良（J–F. Champollion）。1822年，他发现一些符号代表了声音，另一些则代表了整个单词。

BBC 宇宙入门

期间盟军破解了德军的恩尼格玛密码机（Enigma），以及借助罗塞达石碑解读高度复杂的古埃及象形文字（见左页资料档案）。

然而，即便破译的对象是象形文字，它也还是人类的语言。所以，无论它看起来多么不寻常和怪异，使用的思维过程和单词也可能是相似的。如果提到的是一只手或一只脚，其含义是显而易见的。但一个外星人可能有 5 只触手，而且用"普罗迪杰"来称呼它，那我们怎么能猜出是什么意思呢？而且我们甚至不知道外星人是不是有视觉或听觉，这样一来给他们发送图片和音乐是毫无意义的。如果我们真的有机会接触到外星人的信息，我们可能需要一块"宇宙的罗塞达石碑"才能将其破解。外星人很可能掌握了数学知识，他们也肯定有和我们一样的化学知识，所以，我们之间共同拥有的一项信息就是元素周期表。双方都认识到这一点后，就可能在此基础上取得进展，交换其他的信息。另一种可能性是直接利用数学知识，用斐波那契数列（Fibonacci numbers）、黄金分割率以及海贝和星系的螺旋图案来传递美学观念，但在此之后如何开展进一步的交流就不清楚了。

信号接收被隐瞒了吗？

一些怀疑论者声称，我们其实已经收到了信号，但政府或军方选择秘而不宣。事实上这种可能性微乎其微，因为这种信息的泄露速度非常快。阿雷西博天文台曾经收到一个信号，尽管 12 小时后证实这个信号并不是真的，但在那段时间内已经有《纽约时报》的记者打电话过来了，想了解有关外星人信号的事。弗兰克·德雷克和其他搜寻地外文明项目的科学家态度非常坚决，如果接收到任何像是真的信号时，他们的首要任务就是把这一消息告诉天文学同行，然后再向世界广而告之。因为他们希望在采取行动之前可以得到尽可能多的信息和证实的消息。

恒星有多少颗？

　　仅仅在银河系里就有大约一千亿颗恒星。其中肯定有相当一部分和太阳是比较相似的，这类恒星的大小和寿命对于支持一颗类地行星来说是非常合适的。不过，出现和地球非常相近的行星的概率就要小得多了。

　　第一，附近的大多数恒星是成对或成团出现的，而这种多星系统中是不太可能出现存在生命的行星的。靠近星系中心的任何一颗行星都会受到辐射的狂轰滥炸，那里有各种讨厌的中子星和超新星爆发，到处充斥着致命的射线。像太阳一样在星系边缘安安静静运转的恒星其实并不多。

　　第二，比太阳大的恒星，其寿命要短得多，所以即使这类恒星有一颗类地行星，也不会有足够的时间演化出复杂的生命形式。在地球上，这一过程花了 40 多亿年。

　　第三，95% 的邻近恒星比太阳小得多，这意味着它们产生的光和热要少很多。因此，类地行星必须非常靠近恒星，而这不是一件好事，因为行星随时可能会被推到不稳定的轨道上或被耀斑烤焦。不过也有乐观主义者指出，这样一颗行星的行为可能会和月球相仿。月球因为被地球的引力潮汐锁定，一直以

资料档案　｜　斐波那契数列

　　斐波那契数列是以比萨的列奥纳多（Leonardo，1180—1250）的名字命名的，他又被称为斐波那契。在数学中，斐波那契数列是一个以如下方式开始的序列：0，1，1，2，3，5，8，等等；之后的数字等于前两个数字之和。非常特别的是，自然界中也常常能看到斐波那契数列的身影：树木的分枝、波浪的曲线、松果种子的螺旋排列。左图中向日葵花盘中的葵花籽就呈螺旋状排列。

同一面朝着地球；而对于一颗小恒星的类地行星来说，它也可能同样被锁定，有一面一直对着恒星。对着恒星的一面可能会炽热无比，背对恒星的一面则可能寒冷异常，但在两面的交界处一定有温度适宜的区域，在那里，生命可以繁衍生息，即使这个区域没有季节甚至昼夜的更替。更重要的是，这些小恒星的寿命比类似太阳的恒星长得多，也就有更多的时间进化出复杂的生命。

我们大概位于银河系中心到边缘的中间位置，在一条旋臂的边缘（我们的太阳系位于英仙臂和人马臂之间的猎户臂上，距离致密的银心约 26 000 光年）。更偏远的恒星就不太可能有生命形成了，因为它们缺少足够的重元素或金属，而这些元素对于形成合适的栖息地至关重要。没有金属，行星就没有金属核，也就无法形成磁场来保护行星免受恒星的辐射。其次，复杂的生命系统需要少量的金属来参与生物化学过程。例如，人的血液中含有血红蛋白，这种生命物质可以将氧气输送到全身，而每一个血红蛋白分子中都有一个铁原子用于运输氧气。所以说，如果地球上没有铁元素，我们就没有血液。

科学家们发现，"宜居带"的数量和范围都相当有限。例如，如果地球离太阳再近 5%，或者再远 15%，就不能演化出动物。然而，细菌会比较顽强，所以它们的"宜居带"就要更宽一些。

德雷克估计，银河系中有 10 000 颗类地行星，但地球似乎有另外几点与众不同。第一，我们有木星这样一位"保镖"。太阳系内部和周围的空间都充满了碎片。既有小行星这种围绕太阳运行的岩石块，也有彗星这种脏雪球。木星的体积硕大无朋，强大的引力吸引了许多原本可能撞向地球的小行星和彗星。我们应该好好感谢木星，它为我们避免了许多致命性的撞击。木星的轨道是近乎圆形的，这很可能迫使其他行星也进入了接近圆形的轨道。但到目前为止发现的大多数系外行星的轨道都是偏心轨道。如果木星的轨道也是这样古怪的话，地球肯定不会好好待在现在的运行轨道上，而很可能会被甩出太阳系。

第二，我们的卫星非常巨大，它在维持地球的倾斜角度和磁场方面发挥了重要作用。没有月球的话，地球很可能会在太空中不停地翻滚，这无疑会产生混乱不堪且变化剧烈的气候，生命也就无法延续下去。

第三，地球自我调节的方式很独特，能持续维持生命所需的条件。这个想法是洛夫洛克在他的著作《盖娅：地球生命的新视野》（*Gaia: A New Look at Life on Earth*）一书中提出的。他指出，过去几百万年来，地球一直维持着非常合适的能孕育生命的条件，这至少是令人惊异的。例如，尽管地球在过去 30 亿年中从太阳接收到的热量增加了 30%，地表温度却一直维持在适合液态水存在的范围内。在细菌将大气从氢气和甲烷的还原物质组合转化为氧气和氮气的氧化物质组合后，氧气的比例就一直保持在 16%（哺乳动物呼吸所必需的最低浓度）到 25%（更高的话，森林火灾将永远不会熄灭）之间。洛夫洛克认为，地球生物圈已经发展出控制温度和氧气浓度等重要因素的反馈机制。也许其他星球上也可以发展出这样一套机制，但如果没有这样的机制，就很难长期稳定地维持足以让智慧生命得以进化的重要条件。

那么，我们究竟是不是唯一的呢？远离地球的某个地方存在原始生命的可能性似乎很高，找到这样一个地方的希望也越来越大。几乎可以肯定的是，不久之后，我们就会发现在某块火星岩石下打盹的极端微生物。不过，能不能找到智慧生命就难说了。悲观主义者认为地球人的聪明脑袋瓜是茫乎乎的宇宙中的独一份，也有乐观主义者相信宇宙中有很多能通过图灵测试的外星智慧生物。弗兰克·德雷克说："我对智慧生命的存在坚信不移。我也相信如果我们足够努力，就能和它们取得联系。"他说的对吗？我不知道。我想我们现在能做的，也许只有继续观测、监听和等待。

下页图　从月球上看，我们的星球确实显得极为独特而美丽。如果能在不破坏和毁灭地球的前提下实现科技的发展，我们就有可能找到其他的"地球"，甚至是有智慧生命的那种

资料档案 ｜ 碳循环

　　二氧化碳 - 岩石循环是地球的自我调节机制之一。这是一个负反馈循环，有助于控制地球的温度。温度升高时更容易出现剧烈的天气变化，也因此岩石会大量风化，暴露出硅酸钙。这一物质和二氧化碳反应会生成碳酸钙，或叫作石灰岩。二氧化碳是一种温室气体，所以当它与硅酸钙反应，在大气中的含量减少时，地表就会冷却，而岩石风化的程度也会相应降低。但最终，石灰岩会在地幔中被加热，通过火山爆发释放出二氧化碳，这也就意味着温度将再次开始升高。

译 注

[1] SuperWASP：英文全称 Super Wide Angle Search for Planets，中文名为超广角寻找行星，是一个正在执行的用凌星法以超广角度寻找系外行星的计划，瞄准的范围是覆盖在整个天空，亮度暗至约 15 等的天体。

[2] 即希格斯玻色子，于 2012 年被发现。

[3] 1920 年 1 月 17 日，美国正式实施禁酒法案，禁止制造、售卖酒精含量超过 0.5％ 的饮料。该法案于 1933 年被废除。

[4] 现被称为仙女星系。

[5] JET：英文全称 Joint European Torus，中文名为欧洲联合环流器，是设在英国牛津郡卡拉姆核聚变中心的磁局限融合物理实验反应堆。这是一项欧洲共同合作计划，主要目标是探索未来托卡马克热核反应堆的建设条件和等离子体行为，开辟未来核聚变能的发展道路。

[6] 这是李普希提交专利申请时对他的望远镜的描述。

[7] 2012 年 2 月，这 4 台望远镜首次成功地组成一个干涉阵，等效口径达 130 米，进行了高分辨率观测，但大部分时候它们都是独立观测的。

[8] 即这本书的两位作者。

[9] 由罗伯特·本生研制的实验煤气灯，后来被称为“本生灯”。

[10] 开尔文是国际单位制的七个基本单位之一，是温度的计量单位，符号为 K，以第一代开尔文男爵威廉·汤姆森（William Thomson）的头衔命名。以开尔文计量的温度标准称为热力学温标，摄氏度以冰水混合物的温度为起点，而开尔文是以绝对零度作为计算起点，即 $-273.15℃ =0K$。

[11] 2012 年 8 月，在中国北京举行的第 28 届国际天文学大会（IAU）上，天文学家以无记名投票的方式，把天文单位固定为 149 597 870 700 米。

[12] 一般称为视向速度法（Radial Velocity）。

[13] 一般称为微引力透镜法（Microlensing）。

[14] 中国古代称之为“大陵五”。

[15]《E. T. 外星人》是斯皮尔伯格的一部电影，英文片名 E.T. the Extra-Terrestrial，而马普所的英文名中也有 Extraterrestrial（外星人）这个单词。

[16]“堂吉诃德”“桑丘”和“伊达尔戈”都出自塞万提斯的名著《堂吉诃德》。其中堂吉

诃德是小说的主人公，是一名"伊达尔戈"（西班牙的下层贵族），桑丘是他的仆人的名字。

[17] 热力学第二定律，又称"熵增定律"，表明了在自然过程中，一个孤立系统的总混乱度（即"熵"）不会减少。也就是说熵增过程是变得混乱的过程，熵减则是相反。所以当洛夫洛克说熵减是制造混乱的证据时，他的同事们都感到困惑不已。

[18] 艾伦望远镜阵曾经是世界最大的天文望远镜之一，也是首个专门为搜索地外文明建造的大型射电望远镜阵列。目前，由全球多国合资建造，世界最大的综合孔径射电望远镜——平方公里阵列射电望远镜（SKA），计划于 2021 年内开工建设，预计2028 年将建成 10% 的规模并投入观测，成为遥望宇宙的巨眼。该望远镜必将带来全新的宇宙信息，开启射电天文学的新时代。

BBC 宇宙入门